Gabriele Morabito

TELOMERI E TELOMERASI:
un'analisi molecolare completa

DEDIZIONI

Morabito, Gabriele
Telomeri e Telomerasi: un'analisi molecolare completa / Gabriele Morabito

ISBN: 978-88-95613-46-8

Dedizioni è un marchio editoriale di

DEDALO

via Cardinale P. Maffi, 36 - 56126 Pisa, Italia
tel. +39 050 830507
e-mail info@dedalopisa.it

www.dedizioni.it

0. Introduzione generale:

La sopravvivenza di un organismo nell'ambiente in cui vive dipende sia dalla capacità delle singole cellule che lo compongono di conservare e trasmettere inalterato nel corso delle duplicazioni a cui vanno incontro il proprio genoma, senza che vengano persi i geni chiave per il mantenimento dell'omeostasi cellulare, sia dalla capacità dei diversi organi (insiemi di cellule) di fronteggiare eventuali danni, evitando una perdita delle funzioni fisiologiche generali. Tuttavia in natura, se da un lato organismi molto longevi riescono a conservare intatto il proprio genoma, aumentando notevolmente la loro aspettativa di vita, dall'altro lato in queste specie si osserverà una minore variabilità genetica, dovuta alla bassa frequenza con cui si verificano le mutazioni sul genoma, che rallenterà i processi evolutivi della specie stessa. L'evoluzione è altrettanto, se non più, importante della longevità per gli organismi, poichè consente ad una specie nel corso delle generazioni di "adattarsi" alle nuove sfide che l'ambiente incostante in cui essa vive le presenta periodicamente. Quindi in natura, una specie composta da individui molto longevi diminuisce paradossalmente le probabilità di sopravvivenza della specie stessa appena muterà l'ambiente in cui essa vive. Si instaura curiosamente un rapporto inversamente proporzionale tra la capacità di sopravvivenza a breve termine di un organismo, durante l'arco della sua vita, e la capacità della specie a cui appartiene di evolversi per sopravvivere a nuove avversità ambientali, fenomeno quest'ultimo che riflette la sopravvivenza a lungo termine dell'organismo, poichè il suo genoma verrà tramandato in parte ai discendenti, donandogli una sorta di parziale "immortalità". La natura ha operato per millenni così, bilanciando longevità e capacità di evolversi degli organismi, tuttavia giunti con l'evoluzione all'uomo questo processo si inceppa. Una prima considerazione da fare infatti è che nell'uomo a differenza degli altri organismi si è sviluppato un sistema nervoso molto complesso che lo ha portato ad avere coscienza di se. All'uomo quindi non basta più trasmettere una parte del proprio genoma alle generazioni future per acquisire una parziale "immortalità", come accade per gli altri organismi, ma egli sente il bisogno di preservare nel tempo anche la sua coscienza, necessitando quindi di allungare il più possibile la propria vita. Queste considerazioni portano nell'uomo ad una sorta di egoismo individuale che non si verifica negli altri organismi, in cui è presente più un egoismo di specie. Una seconda considerazione che può essere fatta è che l'uomo, con lo sviluppo di un sistema nervoso complesso, è anche l'unico organismo tra quelli esistenti in natura dotato della facoltà di ragionamento, capacità che soprattutto negli ultimi secoli, con i rapidi progressi della medicina e della biologia molecolare, lo ha portato a manipolare sempre più finemente le leggi della natura, allungando la sua vita. Una delle grandi sfide dell'era moderna tutavia non è "semplicemente" allungare la vita dell'individuo, cioè la sua sopravvivenza, ma preservare anche la qualità della sua vita arrestando, o quantomeno rallentando, il processo dell'invecchiamento. Non avrebbe senso infatti che un individuo riuscisse a sopravvivere sotto farmaci fino a 150 anni, ma di questi anni un terzo egli lo passasse infermo su un letto d'ospedale. L'invecchiamento a livello molecolare è un processo causato dal graduale danneggiamento nel tempo del DNA, che non riesce più a codificare correttamente per le bio-molecole necessarie alla funzionalità ed all'omeostasi della cellula, comportando la progressiva incapacità di quest'ultima di rigenerare e sostituire in modo periodico le bio-molecole che la compongono. Per esempio le proteine presenti sulla membrana cellulare non risiedono fisse su di essa per tutta la vita della cellula, ma vengono periodicamente endo-citate in vescicole, che fondendosi con i lisosomi causano la degradazione delle proteine al loro interno, oppure aggiunte su di essa; permettendo alla cellula di mantenere un controllo dinamico sulla composizione della propria membrana. La sostituzione dinamica delle proprie componenti costitutive, che vanno periodicamente incontro a senescenza, ha una duplice funzione per la cellula: da un lato le permette di regolare i livelli delle singole bio-molecole, rispondendo in maniera adeguata alle esigenze che si presentano, dall'altro risulta essere il segreto della sua potenziale lunga vita. Infatti prendendo come esempio una proteina che riveste un ruolo centrale nell'omeostasi della cellula, se essa non venisse rinnovata periodicamente andrebbe nel giro di poco tempo incontro ad inattivazione, mediata ad esempio da uno stato redox alterato, perdendo la sua funzionalità e determinando la morte della cellula stessa. Inoltre i livelli di questa proteina non sarebbero più sotto il controllo della cellula ma del caso. Invece il continuo riciclo della proteina in questione consente alla cellula di avere questa proteina sempre funzionante e di poterne modulare i livelli cellulari con estrema precisione. Il processo dell'invecchiamento si è sempre realizzato raramente in natura, a causa dell'elevata mortalità giovanile provocata da fattori esterni come: la predazione, le malattie o la carenza di cibo. La selezione naturale ha quindi esercitato su questo processo un effetto trascurabile sulla maggior parte delle specie, e dal momento che l'invecchiamento in condizioni naturali ha un impatto poco significativo sulla mortalità degli organismi, le mutazioni che hanno determinato per questi ultimi degli effetti "positivi" in età giovanile, saranno selezionate positivamente dalla selezione naturale, anche se determineranno effetti "negativi" in età avanzata. Il DNA può essere danneggiato secondo due modalità: a livello terminale, nel corso delle replicazioni cellulari, determinando la progressiva perdità dei geni dai più esterni ai più interni nel corso delle replicazioni cellulari, oppure a livello dei singoli geni. In quest'ultimo caso insorgono mutazioni che potrebbero prendere parte o meno, in modo del tutto casuale ed imprevedibile, alla perdita di funzionalità di uno o più geni. Tali mutazioni "interne" al DNA possono essere causate ad esempio da: ROS, radiazioni, agenti chimici, trasposoni o errori avvenuti durante la replicazione. Per quanto riguarda invece l'accorciamento progressivo delle terminazioni cromosomiche ad ogni replicazione del genoma, gli organismi hanno evoluto diversi meccanismi per superare questo problema: presenza di proteine terminali, telomeri (negli eucarioti) o circolarizzazione del genoma (in batteri e virus). In questo libro sono stati trattati i telomeri, in quanto meccanismi utilizzati dall'uomo. Per ridurre invece quanto più possibile il tasso di mutazioni, alcuni organismi hanno evoluto meccanismi molecolari più o meno efficaci come: proteine di protezione del genoma, enzimi neutralizzanti i ROS oppure proteine di correzione degli errori fatti durante la replicazione del DNA. Oltre a mantenere la funzionalità cellulare quanto più possibile inalterata nel tempo, gli organismi devono poter ripristinare una funzione fisiologica operata da un organo che è stato danneggiato da un trauma, tramite la rigenerazione dello stesso, ripristinando l'omeostasi del tessuto e l'efficienza dell'organismo in modo da evitare svantaggi funzionali o la morte per l'individuo. La rigenerazione risulta tuttavia essere tanto più efficiente quanto più efficienti sono i sistemi in grado di mantenere il genoma nelle cellule del tessuto non soggetto a perdite di informazione. Questo perchè per rigenerare un tessuto danneggiato le cellule adiacenti ad esso devono andare incontro a molte replicazioni cellulari, aumentando il rischio che si verifichino mutazioni e quindi perdite di funzionalità di alcuni geni nelle cellule figlie. Più sono sviluppati i meccanismi di rigenerazione in un'organismo, e maggiori sono le probabilità per esso di danneggiare il proprio genoma, viceversa organismi con scarsa capacità rigenerativa avvantaggiano si una maggiore stabilità del proprio genoma, ma allo stesso tempo sono anche più soggetti a morti accidentali, come in seguito ad una semplice ferita. L'uomo presenta un equilibrio dinamico tra capacità rigenerativa, molto più sviluppata in animali inferiori come: planarie, lombrichi e tritoni; e stabilizzazione del proprio genoma. L'avvantaggiamento di uno di questi due sistemi va a scapito dell'altro. Se migliorassimo i meccanismi di protezione del genoma da danno, ad esempio potenziando i checkpoint di controllo nella replicazione del DNA, avremmo una più lenta rigenerazione dei tessuti, poichè le cellule si dividerebbero più lentamente. Se invece migliorassimo i sistemi di rigenerazione, ad esempio abbattendo i checkpoint di controllo sopra citati, avremo si una più rapida rigenerazione dei tessuti, ma anche la quantità di mutazioni all'interno del genoma, dovute ad errori nella replicazione, e l'accorciamento dei telomeri alle estremità dei cromosomi, crescerebbero con un tasso commisurato. Questo libro, che intende essere il primo di un'opera più ampia e completa dedicata ai meccanismi molecolari che causano l'invecchiamento, ed a quelli che proteggono da esso nell'uomo, incentra la sua attenzione sul danneggiamento terminale dei cromosomi; trattando da un punto di vista molecolare i telomeri e la telomerasi. Quanto sarà esposto in seguito intende costituire una sorta di "manuale" che lo sperimentatore possa utilizzare per pianificare esperimenti volti sia a riattivare l'espressione della telomerasi nelle cellule umane adulte, attraverso le sempre più precise tecnologie di terapia genica, che a regolare finemente l'attività funzionale di questo enzima una volta espresso, abolendo il fenomeno della senescenza replicativa e potenzialmente promettendo un consistente allungamento della vita umana.

Qui di seguito è stata rappresentata la curva di sopravvivenza tipica dell'uomo, che come si può apprezzare identifica un intervallo di sopravvivenza media di circa un secolo (salvo eccezioni) nella nostra specie. In particolare si osserva una drastica diminuzione della sopravvivenza media intorno ai 60 anni di età, segno che nell'uomo durante questo periodo i sistemi molecolari "anti-aging" e la lunghezza dei telomeri, mediamente non risultano più funzionali per preservare l'omeostasi delle cellule e dei tessuti dell'organismo, a causa dei motivi illutrati nella precedente introduzione.

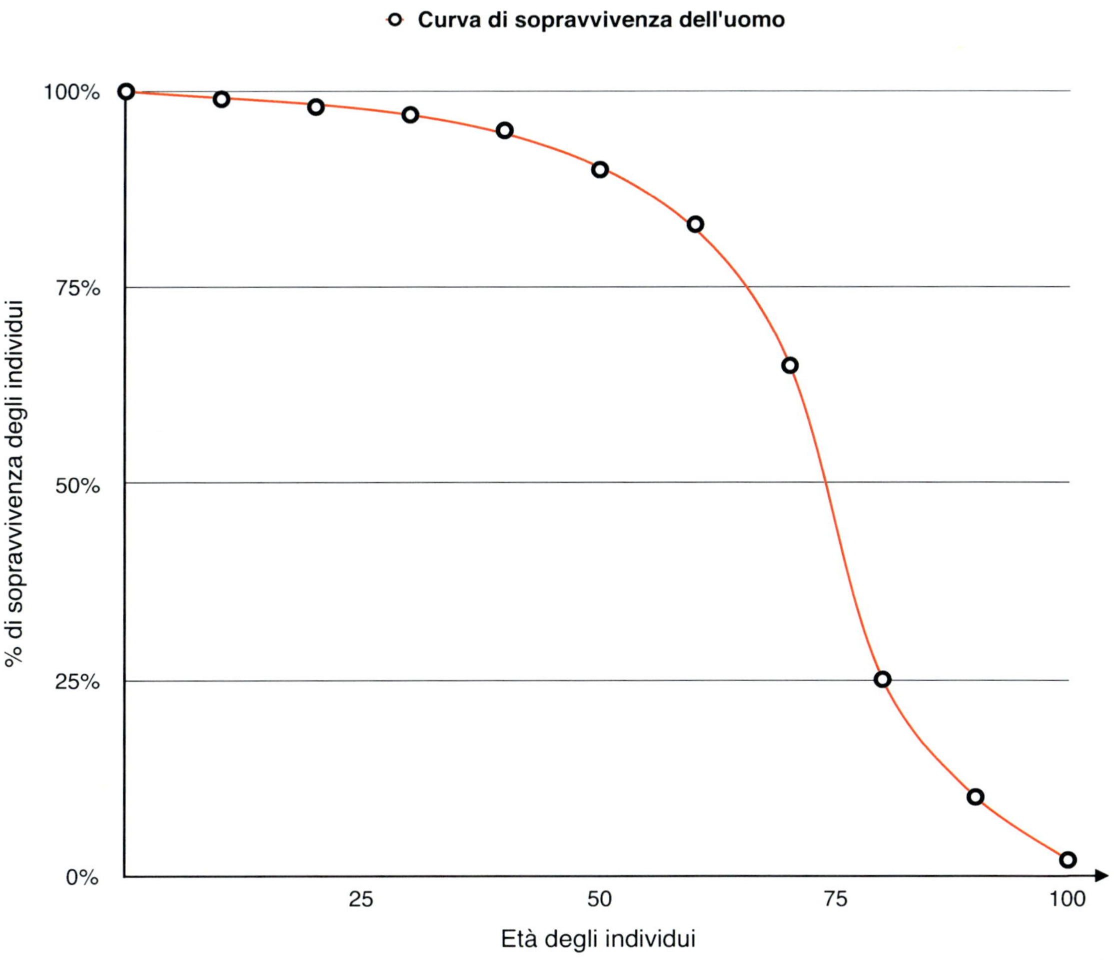

Indice:

Introduzione:

Nelle cellule eucariotiche la replicazione del genoma avviene durante la fase S del ciclo cellulare. Durante la fase di allungamento dei due filamenti complementari, la DNA pol α/ε aggiunge nucleotidi all'estremità 3'-OH dei primer di RNA creati dalla primasi su ognuno dei due filamenti. Tuttavia a causa della natura anti-parallela della doppia elica solo uno di essi potrà essere replicato in modo continuo (3'—> 5'), ovvero quello che espone un primer di RNA complementare con l'estremità 3'-OH rivolta verso la direzione di sintesi. Il filamento discontinuo (5'—> 3') impone invece alla DNA polimerasi α di muoversi nella direzione opposta rispetto alla forca replicativa, e la sua sintesi deve essere ritardata fino a che non viene sintetizzata una quantità sufficientemente lunga di filamento continuo. Ogni volta che il filamento continuo raggiunge una lunghezza adeguata, la primasi sintetizza un nuovo primer di RNA complementare sul filamento discontinuo e la DNA polimerasi α estende tale primer in un frammento di Okazaki, fino a raggiungere l'estremità 5'-end del precedente primer. I primer di RNA vengono infine rimossi e sostituiti dalla DNA pol. δ con DNA e la ligasi salda il nick. Questo fenomeno crea un problema all'estremità del filamento discontinuo: una volta rimosso l'ultimo primer di RNA la DNA pol δ non potrà estendere il filamento 5'-end, che risulterà più corto rispetto al suo stampo di una regione delle dimensioni del primer di RNA (nel caso migliore in cui il primer fosse perfettamente allineato con il filamento complementare). Ad ogni replicazione verrebbero quindi persi i geni a partire da quelli più esterni alle estremità dei cromosomi, causando nel tempo una progressiva incapacità della cellula di codificare per le biomolecole necessarie alla propria sopravvivenza e portando alla sua morte, questo fenomeno prende il nome di senescenza replicativa [13,14].

1 Telomeri:

La maggior parte delle cellule eucariotiche risolve il problema della senescenza replicativa con i telomeri. Si tratta di una breve sequenza ricca in T e G, costante in individui appartenenti alla stessa specie (TTAGGG nell'uomo), ripetuta in serie n° volte (da 830 fino a 2500 volte nell'uomo) alle estremità dei cromosomi. Le lunghe sequenze telomeriche risultanti hanno il compito di preservare la stabilità ed evitare la degradazione dei geni più esterni sul cromosoma. Con il susseguirsi dei cicli di replicazione cellulare infatti, i telomeri privi di informazione genetica si accorciano, proteggendo le sequenze geniche vere e proprie più interne nel cromosoma. Durante la vita della cellula i telomeri sono normalmente mantenuti in una struttura detta "t-loop" per mezzo delle proteine del complesso Shelterin. Questa struttura svolge 3 funzioni principali [13,14]:

- evita che le sequenze telomeriche vengano rimaneggiate
- impedisce la fusione end-to-end (3'-end<—>5'-end) sia tra filamenti di DNA appartenenti allo stesso cromosoma che tra filamenti di DNA appartenenti a due cromosomi adiacenti

• impedisce l'erosione del genoma vero e proprio

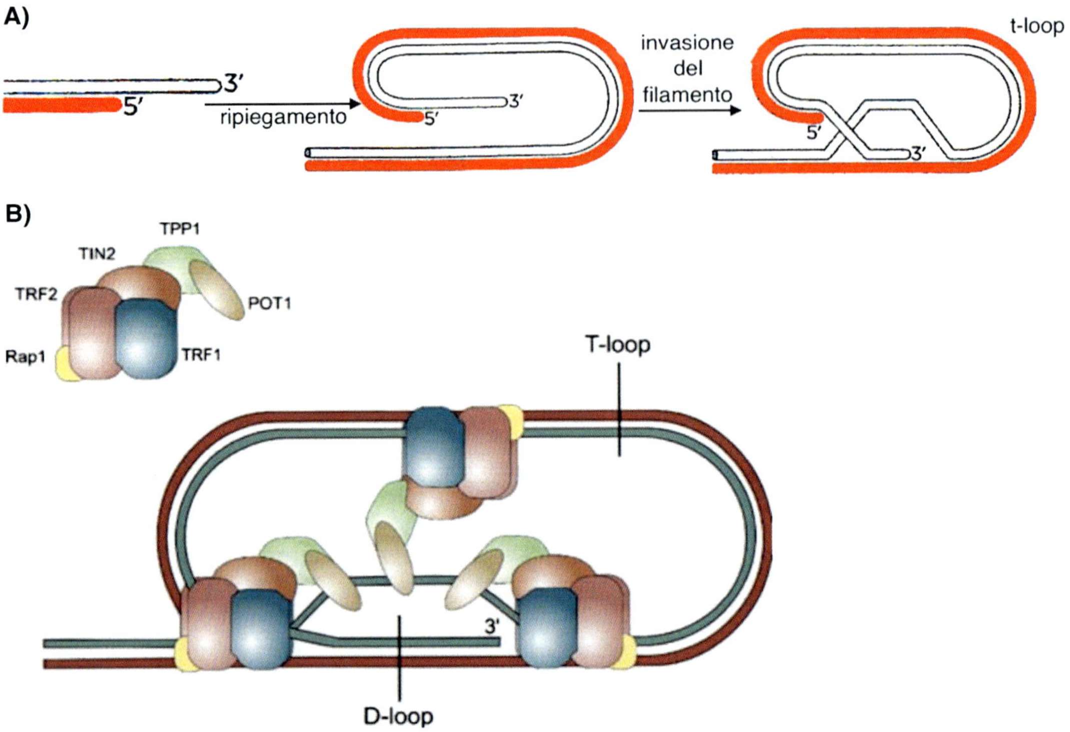

Figura 1: formazione della struttura a t-loop (A) e mantenimento della struttura per mezzo delle 6 proteine del complesso Shelterin (B): TRF1, TRF2, POT1, Rap1, TIN2, e TPP1 [16]

Tuttavia più raramente, soprattutto in assenza del complesso Shelterin, l'estremita del filamento telomerico al 3'-end può assumere una struttura secondaria alternativa detta G-quadruplex, la cui formazione è promossa spontaneamente dalla natura ricca di G del ssDNA telomerico al 3'-end. Queste strutture si formano quando quattro o più basi di guanina si uniscono attraverso legami idrogeno di Hoogsteen per formare una struttura planare, spesso stabilizzata da cationi come il potassio. La formazione spontanea di G-quadruplex è stata osservata sia in vitro che in vivo, ed è noto che ostacoli sia i pathway per l'allungamento (ALT, telomerasi) che per la degradazione dei telomeri (eso-nucleasi); promuovendo invece il capping dei filamenti telomerici [65].

La lunghezza dei telomeri alla nascita è altamente variabile: tra le specie, all'interno di una stessa specie, tra i diversi tessuti di un organismo, tra i cromosomi di una stessa cellula. Le donne ad esempio hanno telomeri più lunghi rispetto agli uomini e negli afro-americani i telomeri generalmente sono più lunghi rispetto agli euro-americani. Dato che in ciascun individuo il gene della telomerasi, attivo nel periodo embrionale, viene inattivato pochi giorni dopo la nascita, la diversa lunghezza dei telomeri in individui della stessa specie è molto probabilmente dovuta a differenze sessuali (come i livelli di estrogeni, più alti nelle donne) e a fattori epigenetici, che ritardano leggermente l'inattivazione del gene hTERT dopo la nascita in alcuni individui [16]. Negli esseri umani si stima che la lunghezza dei telomeri alla nascita vari dalle 5 alle 15 Kb e diminuisca di 30-150 bp ad ogni ciclo di replicazione [16]. Questo comporta che in media una cellula umana possa far fronte al fenomeno della senescenza replicativa per:

10kb (totali) / 90 bp (in meno ad ogni replicazione) = ~111 cicli replicativi (limite di Hayflick)

1.1 Struttura cromatinica dei telomeri:

I telomeri dei mammiferi sono anche legati da proteine che si ritrovano nell'etero-cromatina costitutiva e che ne determinano il compattamento ed il silenziamento genico. I telomeri infatti legano molte proteine dell'etero-cromatina 1 (HP1), principalmente le isoforme HP1-α, HP1-β e HP1-γ, e contengono alti livelli di istoni H3 (variante H3.3) e H4 tri-metilati rispettivamente a lisina 9 dalle istone metil-transferasi SUV39H e a lisina 20 dalle istone metil-transferasi SUV4-20H. In particolare la variante istonica H3.3, contrariamente alle varianti H3.1 e H3.2, viene espressa a tutti gli stadi del ciclo cellulare e viene incorporata sui telomeri dallo chaperone etero-dimerico ATRX/DAXX in maniera indipendente dall'evento di replicazione del DNA. Recentemente è stato dimostrato che le proteine appartenenti alla famiglia del retinoblastoma (RB1,RBL1 ed RBL2) interagiscono direttamente con le SUV4-20H e sono necessarie per una corretta tri-metilazione dell'istone H4 nel telomero. Queste proteine che rimodellano la cromatina telomerica sono anche coinvolte nel controllo della lunghezza e della funzionalità dei telomeri. Infatti topi knockout SUV39H1 e SUV39H2, diminuiscono la di- e tri-metilazione degli istoni H3.3 telomerici, aumentandone invece la mono-metilazione e determinando di conseguenza la perdita del legame di HP1 ai telomeri. Questo fenomeno coincide con un aberrante allungamento dei telomeri ed un alterato legame di TRF1 agli stessi. Similmente, anche la perdita di funzionalità delle proteine della famiglia RB determina un'aberrante allungamento dei telomeri. Questi risultati indicano che la perdita delle caratteristiche etero-cromatiche dei telomeri portano ad uno stato della cromatina meno compatto, che a sua volta può provocare l'instabilità dell'intero cromosoma e l'allungamento anomalo del telomero; a causa di un maggiore accesso della telomerasi o di altre attività di allungamento del telomero (come l'ALT) allo stesso. Per questo motivo la perdita di funzionalità dei geni deputati al mantenimento della struttura cromatinica telomerica compatta (es. ATRX/DAXX) risulta associata all'instabilità genomica ed allo sviluppo del cancro. Infatti se la struttura cromatinica e la lunghezza dei telomeri di un cromosoma risultano alterate, ciò si ripercuote negativamente anche sul silenziamento trascrizionale dei geni che si trovano nelle regioni sub-telomeriche vicine, (meccanismo visto nel prossimo paragrafo) come la telomerasi, attivando la trascrizione di questi ultimi [52,54].

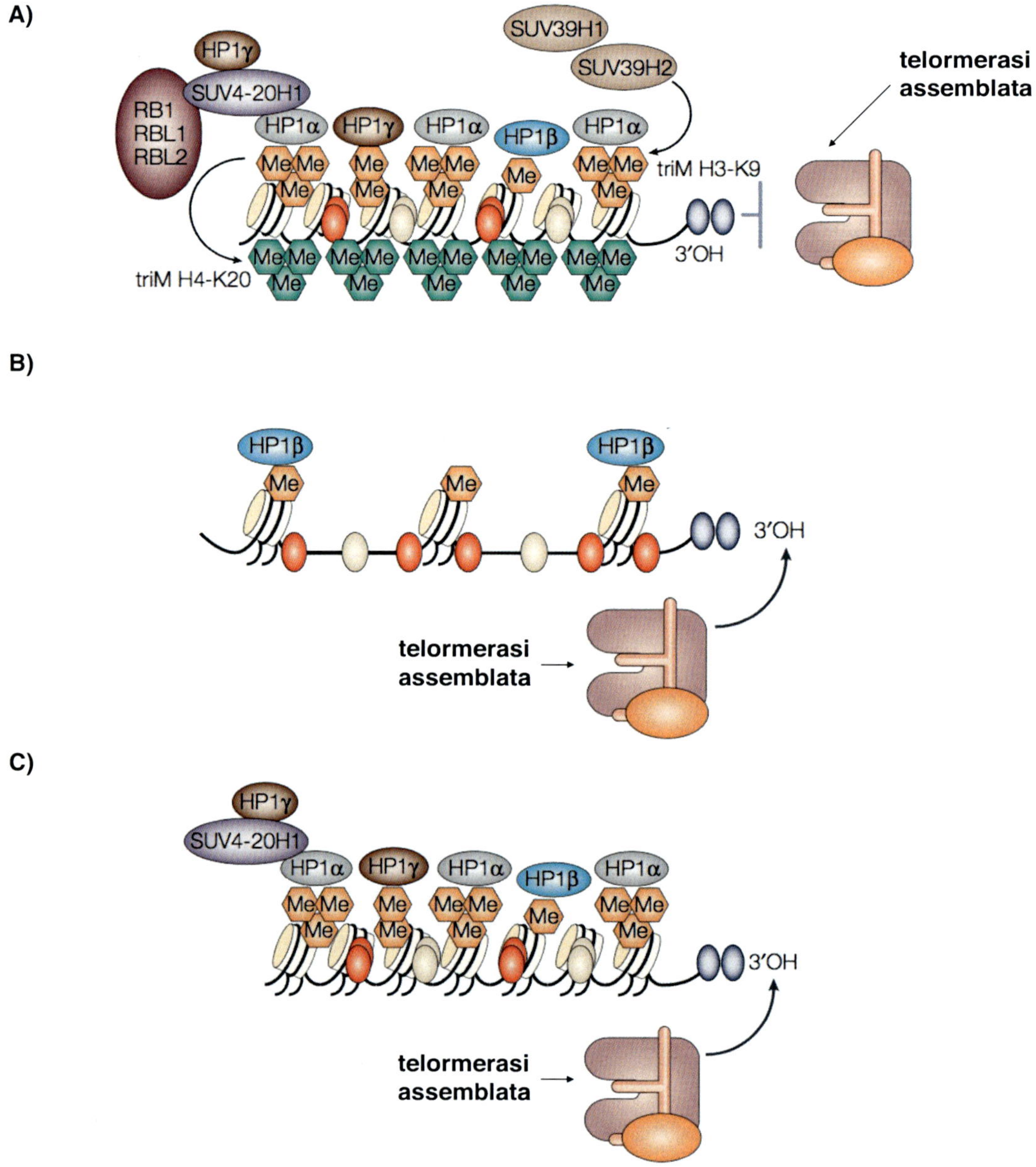

Figura 2: A) struttura cromatinica dei telomeri in cellule normali, sono state evidenziate sia le principali proteine di rimodellamento della cromatina telomerica (RB's, HP's, SUV4-20H, SUV39H1 e SUV39H2) che lo stato di tri-metilazione del telomero. La telomerasi non accede ai telomeri. **B)** struttura comatinica del telomero in cellule SUV39H -/-, che esibiscono una diminuzione della di- e tri-metilazione degli istoni H3 telomerici e la perdita del legame di HP1 ai telomeri, presentando di conseguenza un aberrante allungamento dei telomeri ed un alterato legame di TRF1 agli stessi. La telomerasi accede ai telomeri. **C)** struttura cromatinica del telomero in cellule RB's -/- cancerose, che esibiscono un'aberrante allungamento dei telomeri La telomerasi accede ai telomeri [52].

1.2 Regolazione dell'espressione genica mediata dai telomeri:

La trascrizione di un gene all'interno del nucleo delle cellule eucariotiche è regolata:

- dall'interazione di specifici fattori di trascrizione/repressori trascrizionali con i rispettivi elementi di risposta presenti sul promotore di quel gene

- dalle interazioni dei trasposoni, sequenze "mobili" di DNA all'interno del genoma, con il promotore di quel gene

- dallo stato epigenetico della cromatina in quel tratto del genoma (stato metilato/acetilato delle code istoniche, presenza di varianti istoniche, etc.)

- dal ripiegamento tridimensionale assunto dalla cromatina in prossimità di quel gene. Nei nuclei delle cellule di mammifero esso è principalmente mediato dalle proteine architettoniche CTCF e coesina. Tuttavia una serie di altre proteine si co-localizzano e interagiscono direttamente con queste due, funzionando anch'esse da proteine architettoniche, tra cui: YY1, Kaiso, CHD8, PARP1, MAZ, JUND e ZNF143 [21].

Quest'ultimo meccanismo di regolazione media l'avvicinamento e l'interazione di segmenti genomici che sarebbero altrimenti spazialmente distanti all'interno della sequenza di DNA, provocando:

- la promozione della trascrizione se ad essere avvicinate sono una sequenza enhancer ed il promotore di un gene.

- la repressione della trascrizione se ad essere avvicinate sono una sequenza ricca di istoni con code metilate (o repressori trascrizionali legati) ed il promotore di un gene.

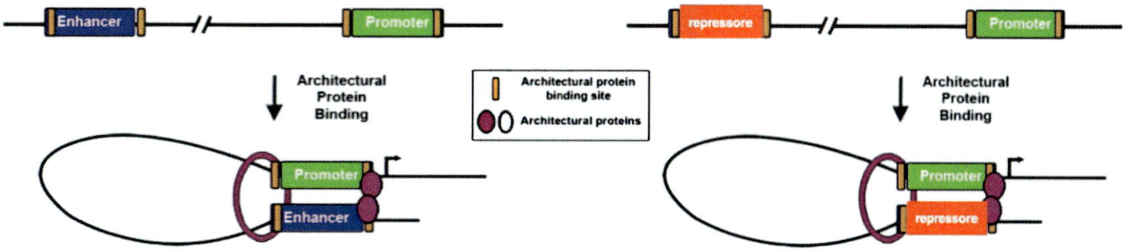

Figura 3: modelli generali di attivazione/repressione della trascrizione genica mediata dal ripiegamento della cromatina [21].

Il ripiegamento tridimensionale osservato nelle sequenze telomeriche agisce secondo quest'ultimo meccanismo, alterando la trascrizione di geni anche a molte megabasi di distanza dalle sequenze telomeriche in maniera strettamente dipendente dalla lunghezza dei telomeri in quell'istante; questo fenomeno è detto TPE OLD (Telomere Position Effects Over Long Distances). Le sequenze telomeriche presentano infatti associati ad esse istoni tri-metilati H3K9/H4K20 e proteine HP1, che reprimono la trascrizione genica compattando l'ambiente cromatinico circostante. Quindi se un gene si viene a trovare nelle immediate vicinanze del loop tridimensionale formato dalle sequenze telomeriche esso risulterà trascrizionalmente represso. Tuttavia il progressivo accorciamento dei telomeri nel tempo, determinerà la proporzionale degradazione di questa struttura tridimensionale, "liberando" i geni repressi dall'ambiente cromatinico compatto in cui si trovavano precedentemente e consentendone l'espressione, alterando di conseguenza l'espressione genica dell'individuo con l'avanzare dell'età [22,24].

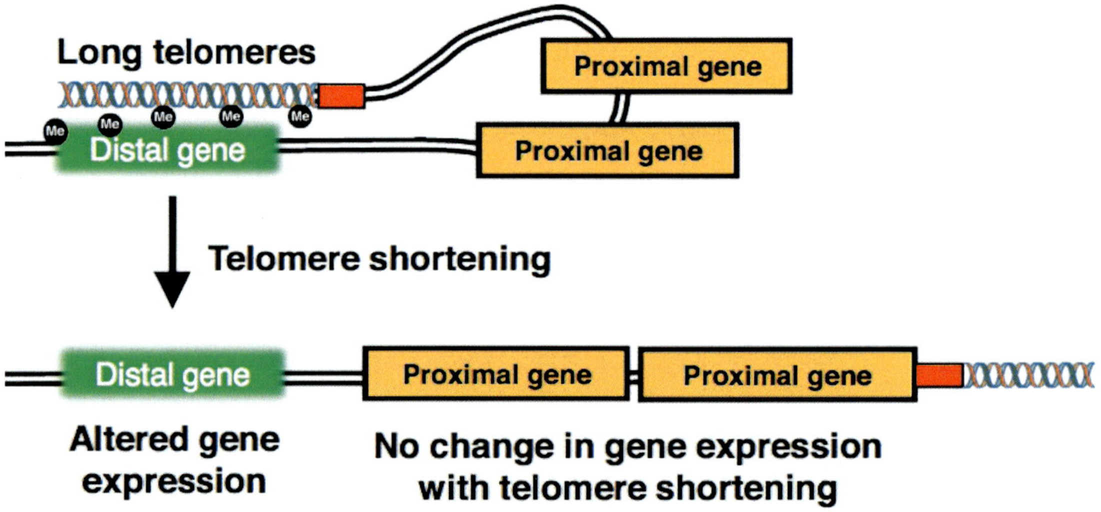

Figura 4: rappresentazione schematica della modalità di repressione telomero-mediata di un gene distale. Questo gene viene successivamente liberato dalla repressione con il progressivo accorciamento dei telomeri, risultando espresso [22].

Esiste anche un fenomeno TPE definito classico, che differisce dal primo per la modalità di silenziamento genico, mediato non dal ripiegamento tridimensionale delle sequenze telomeriche ma solamente dallo stato cromatinico metilato proprio di queste ultime, e per l'azione solo su sequenze geniche immediatamente adiacenti al telomero e non molto distanti da esso [22]. Il primo gene umano regolato da TPE fu segnalato nel 2009 in uno studio sulla ridotta espressione del gene stimolato dall'interferone 15 (ISG15), distante 1Mb dall'estremità del cromosoma 1p, nelle cellule giovani con telomeri lunghi rispetto alla maggiore espressione di questo gene con l'avanzare dell'età, man mano che i telomeri progressivamente si riducevano. In questo studio i telomeri di cellule vecchie furono sperimentalmente allungati mediante l'introduzione ectopica di TERT nel nucleo della cellula. Nessuna modifica nell'espressione di ISG15 si verificò durante le prime divisioni cellulari in seguito all'introduzione di TERT, quando però i telomeri si allungarono sufficientemente (50 divisioni cellulari), ISG15 risultò nuovamente silenziato; dimostrando la repressione mediata dai telomeri di questo gene [23]. Un fenomeno simile al TPE OLD è l'ITLs (Interstitial Telomere Loops), in cui telomeri lunghi possono fisicamente associarsi a segmenti genomici distanti anche molte megabasi dalle sequenze telomeriche, reprimendone la trascrizione. Tale interazione fisica è resa possibile dalla presenza di sequenze telomeriche TTAGGG in serie, non solo alle estremità dei cromosomi ma anche all'interno di tutto il genoma, denominate ITS (Interstitial Telomere Sequence). Le ITS, le proteine associate allo strato interno della membrana nucleare (lamine A/C) e la proteina del complesso Shelterin TRF2, presente sulla struttura telomerica a t-loop ripiegata, formano associazioni stabili che consentono alle sequenze telomeriche di reprimere geni molto distanti compattando la cromatina nelle loro vicinanze, secondo una modalità molto più stabile del TPE OLD. Similmente al fenomeno TPE OLD all'accorciamento progressivo dei telomeri segue la perdita di queste associazioni, ed il gene precedentemente represso potrà quindi esprimersi. Esiste anche un modello secondo cui l'RNA contenente ripetizioni telomeriche (TERRA), un lungo RNA non codificante trascritto dai telomeri, i cui livelli aumentano nelle cellule con telomeri corti, riesca a sequestrare TRF2, impedendo l'associazione della struttura telomerica a t-loop con la sequenza ITS e promuovendo conseguentemente la trascrizione dei geni precedentemente repressi in modo telomero-mediato [22].

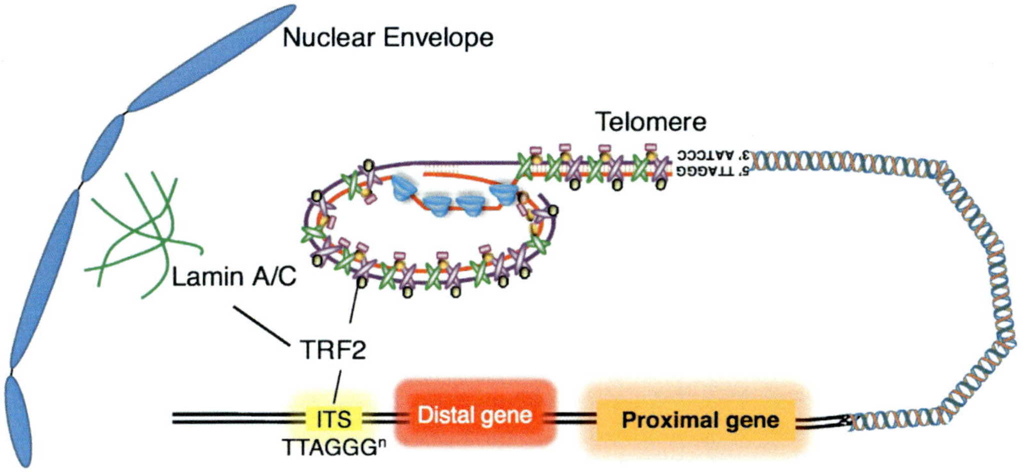

Figura 5: Interazione tra un telomero ed un gene distale da esso secondo il modello ITLs [22].

I telomeri quindi sono strutture che svolgono una duplice funzione all'interno del genoma: di protezione e di regolazione dell'espressione genica. Telomeri troppo corti, associati alla senescenza cellulare, provocano sia un danno diretto al DNA, non garantendo più la sua protezione nella porzione terminale del cromosoma, sia cambiamenti nell'espressione dei geni distali dai telomeri, innescando patologie correlate all'età come il cancro senza necessariamente danneggiare il DNA. Alcune Malattie genetiche nell'uomo manifestano telomeri più corti del normale (telomeropatie), come la Dyskeratosi congenita o la fibrosi polmonare familiare idiopatica, che derivano da uno o più malfunzionamenti nel network di geni responsabili del mantenimento dei telomeri come: TERT, TERC, PARN, RTEL1, TIN2, DKC1, NHP2, NOP10, Apollo, TCAB1 o CTC1. Questi disturbi nell'uomo sono spesso associati a lunghezze dei telomeri inferiori dell'1-10% rispetto ai controlli corrispondenti all'età, che portano ad un ulteriore accorciamento precoce dei telomeri e al manifestarsi di un ampio spettro di altre patologie [22].

2 Alternative Lengthening of Telomeres (ALT):

Le cellule eucariotiche che devono sostenere un elevato tasso di divisione, fronteggiano il fenomeno della senescenza replicativa allungando i propri telomeri:

- attraverso l'enzima telomerasi (visto al paragrafo successivo) (~l'85% delle cellule)

- attraverso l'allungamento alternativo dei telomeri (~il 15% delle cellule)

Il pathway ALT, analizzato in questa sezione, rappresenta l'insieme dei primi meccanismi per il mantenimento dei tratti telomerici (TMM), evolutisi precedentemente alla telomerasi [53]. Inoltre alcune cellule cancerose, se trattate con farmaci anti-tumorali che reprimono l'attività della telomerasi, sono in grado di sopravvivere al trattamento attivando il pathway ALT come meccanismo alternativo per mantenere l'alto tasso proliferativo senza incorrere nel fenomeno della senescenza replicativa [55].

2.1 Caratteristiche fenotipiche osservate nelle cellule ALT-positive:

I telomeri delle cellule ALT-positive mantengono molti attributi canonici, presenti anche nei telomeri delle cellule normali [56]:

- La presenza di ripetizioni TTAGGG sul filamento 3'-end, che si presenta più lungo rispetto al 5'-end

- La presenza sia del complesso Shelterin che delle altre proteine associate al telomero, anche se presenti in quantità minore.

- La capacità di formare una struttura secondaria a T-loop, anche se molto meno stabilizzata di quella che si ritrova nelle cellule normali

Oltre a queste caratteristiche, le cellule ALT-positive ne presentano anche alcune insolite, una delle più sorprendenti è l'abbondante presenza di DNA extra-cromosomico (separato dai cromosomi) contenente sequenze telomeriche ripetute. Questa tipologia di DNA può assumere molte forme, tra cui [56]:

- **cerchi telomerici a doppio filamento di DNA** (t-circles), sembra che essi si formino dal clivaggio delle strutture telomeriche secondarie t-loop da parte degli enzimi del complesso di ricombinazione MRN. Questa reazione nelle cellule umane è soppressa dal dominio basico della proteina Shelterin TRF2, ed è invece promossa dalle proteine di ricombinazione Nibrin (anche detta NBS1) e XRCC3. La presenza di t-circles è stata osservata anche nelle linee cellulari umane positive alla telomerasi con telomeri molto allungati. E' stato dimostrato che le cellule umane possiedono diversi meccanismi di "telomere trimming" che accorciano i telomeri troppo estesi, potenzialmente dannosi per la cellula, di cui i due principali risultano essere: l'attività della proteina TZAP (vista in seguito) e per l'appunto il clivaggio della struttura t-loop e la conseguente formazione dei t-circles; poi sequestrati all'interno degli ABP (visti qui di seguito). Gli abbondanti t-circles presenti nelle cellule ALT-positive potrebbero quindi derivare dai processi di troncatura dei telomeri che servono ad impedire un loro allungamento eccessivo, altrimenti mediato dal patway ALT.

- **cerchi telomerici a singolo filamento di DNA**, detti C-circles se si tratta dei filamenti 3'—>5' ricchi in citosina (AATCCC) o G-circles se si tratta dei filamenti 5'—>3' ricchi in guanina (TTAGGG). I C-circles risultano mediamente essere ~1000 in ogni cellula ALT-positiva e ~750 volte più abbondanti in queste cellule rispetto a quelle positive alla telomerasi, costituendo nel complesso un'ottimo marker per evidenziare le cellule ALT-positive. In queste ultime cellule invece i G-circles risultano essere 100 volte meno abbondanti rispetto ai C-circles.

- **DNA lineare a doppio filamento**

- **DNA 't-complesso'** ad alto peso molecolare, che può contenere strutture di DNA telomerico anomale e fortemente ramificate

Un'altra caratteristica distintiva delle cellule ALT-positive, non riscontrata in altri contesti, è la presenza dei corpi nucleari PML (PML-NBs), per questo detti APB (corpi PML associati all'ALT). I corpi ABP, costituiti sia dalle proteine PML che dalle proteine Sp100, si associano e dissociano in maniera dinamica alle proteine leganti i telomeri, sequestrando al loro interno sia il DNA extra-cromosomico contenente sequenze telomeriche (principalmente t-circles), che le proteine di ricombinazione necessarie per l'allungamento alternativo dei telomeri (complesso MRN) [56]. Infatti le proteine Sp100, interagendo direttamente con Nibrin, portano al sequestro del complesso MRN nei corpi nucleari PML, reprimendo il pathway ALT e prevenendo l'allungamento eccessivo dei telomeri [53,56,57]. Infine nelle cellule ALT-positive la lunghezza delle sequenze telomeriche cromosomiche risulta essere altamente eterogenea e si riscontrano sia un un elevato livello di ricombinazione che rapido cambiamento nella lunghezza dei tratti telomerici [56].

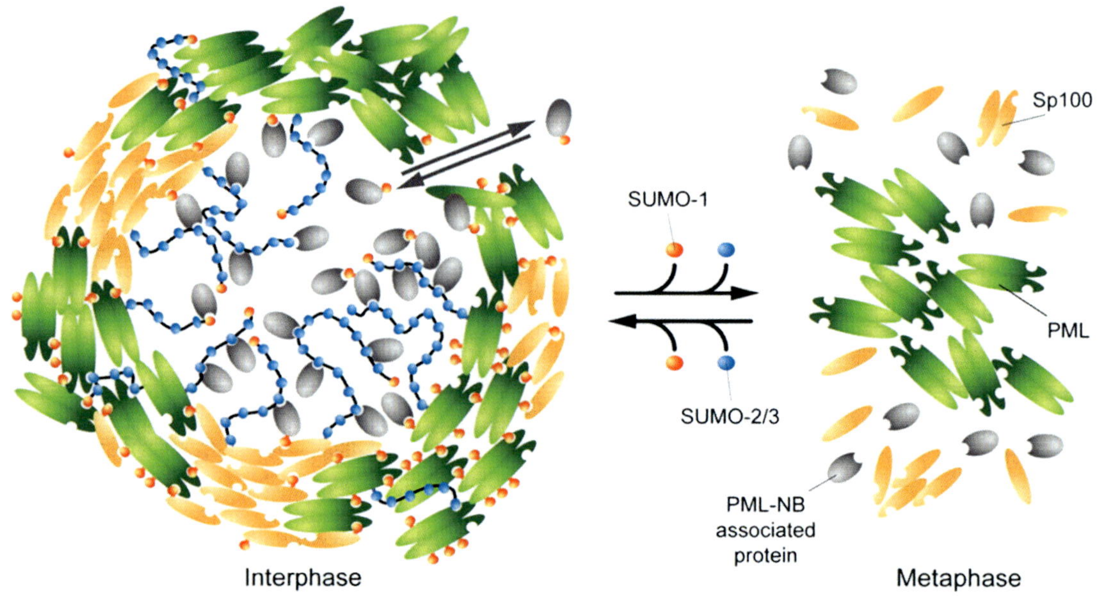

Figura 6: Rappresentazione della struttura dei corpi nucleari PML (PML-NBs). Le proteine PML si associano tra loro tramite i loro domini RBCC e possono associarsi con le proteine sp100 tramite le proteine SUMO-2 e SUMO-3 che stabilizzano la struttura; formando un guscio sferico detto complesso PML-NB. Anche le proteine che interagiscono con il complesso sono legate ad esso mediante le proteine "ponte" SUMO-2 e SUMO-3. Al contrario SUMO-1 o la desumoilazione promuovono il disassemblamento del complesso durante la mitosi [57].

2.2 Meccanismi molecolari dell'ALT:

L'ALT avviene durante la fase S del ciclo cellulare, principalmente in cellule tumorali e con telomeri instabili. Sebbene sia generalmente riconosciuto che l'allungamento dei telomeri nelle cellule ALT-positive richieda una fase di ricombinazione omologa (HR) del DNA, il meccanismo molecolare alla base di questo evento rimane incerto. Sono stati proposti due diversi modelli di ricombinazione omologa per l'allungamento dei telomeri nelle cellule ALT-positive, che non si escludono a vicenda. Entrambi i modelli sono iniziati da una mutazione sui geni che codificano per le proteine di compattamento della cromatina (es. ATRX/DAXX, H3.3 e HP1), che ne causi la perdità di funzionalità, permettendo il rilassamento della cromatina telomerica [53,56,58].

1. **Replicazione del DNA telomerico dipendente da ricombinazione omologa:** questo modello ipotizza che l'allungamento alternativo dei telomeri di un cromosoma derivi dall'estensione iniziale, mediata da un evento di ricombinazione omologa, del filamento telomerico 5'—>3', usando la sequenza complementare 3'—>5' di un'altro filamento telomerico adiacente come stampo, e successivamente dall'estensione anche del filamento telomerico 3'—>5' del cromosoma considerato. L'estensione del filamento telomerico 5'—>3' può utilizzare come stampo la sequenza telomerica 3'—>5':

- di un cromosoma adiacente a quello considerato

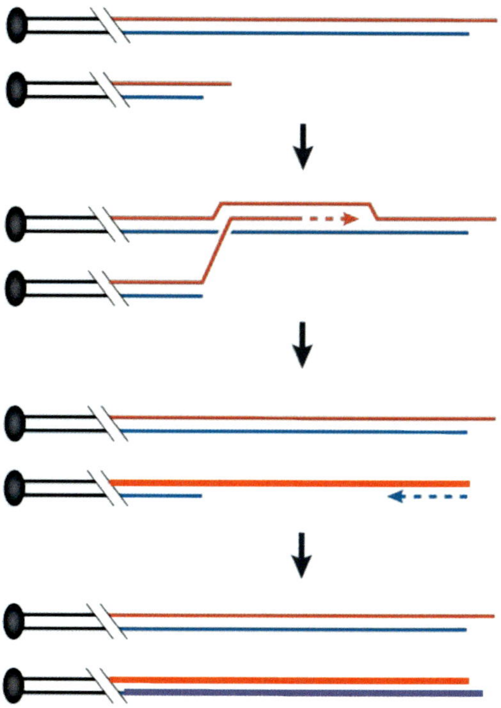

Invasione del filamento telomerico 5'—>3' tra i filamenti telomerici di un cromosoma adiacente e sua estensione, mediata dalla DNA polimerasi, usando il filamento telomerico 3'—>5' dell'altro cromosoma come stampo

separazione dei due cromosomi e allungamento del filamento telomerico 3'—>5' del cromosoma considerato mediante sintesi di frammenti di Okazaki.

I telomeri del cromosoma considerato risultano nel complesso allungati.

Figura 7: Rappresentazione del modello di replicazione del DNA telomerico dipendente da ricombinazione omologa che usa come sequenza stampo quella telomerica di un cromosoma adiacente [56].

- del cromosoma stesso, attraverso il rimaneggiamento della struttura secondaria a t-loop

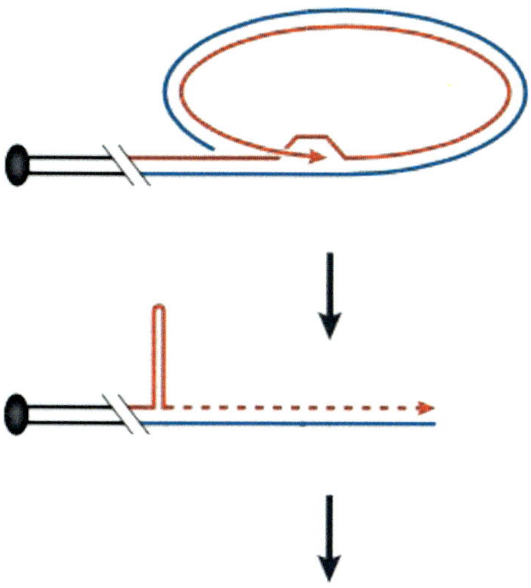

Riarrangiamento del filamento telomerico 5'—>3' e suo allungamento, mediato dalla DNA polimerasi, usando il proprio filamento telomerico complementare come stampo

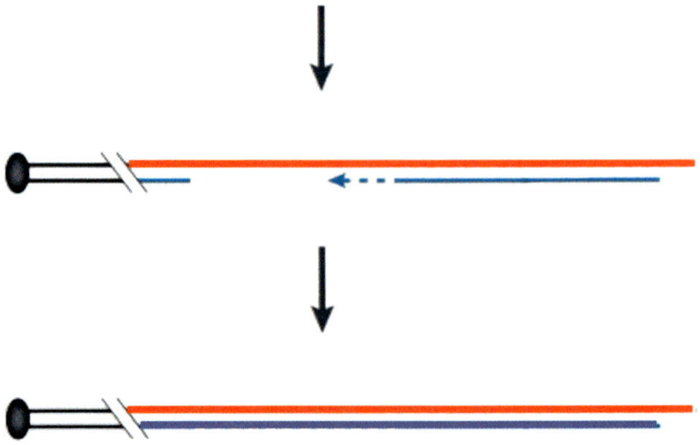

Estensione del filamento telomerico 3'—>5' del cromosoma considerato mediante sintesi di frammenti di Okazaki.

I telomeri del cromosoma considerato risultano nel complesso allungati.

Figura 8: Rappresentazione del modello di replicazione del DNA telomerico dipendente da ricombinazione omologa che usa come sequenza stampo la propria sequenza telomerica [56].

- del cromatidio fratello del cromosoma considerato (presente nel nucleo della cellula durante la fase S del ciclo cellulare)

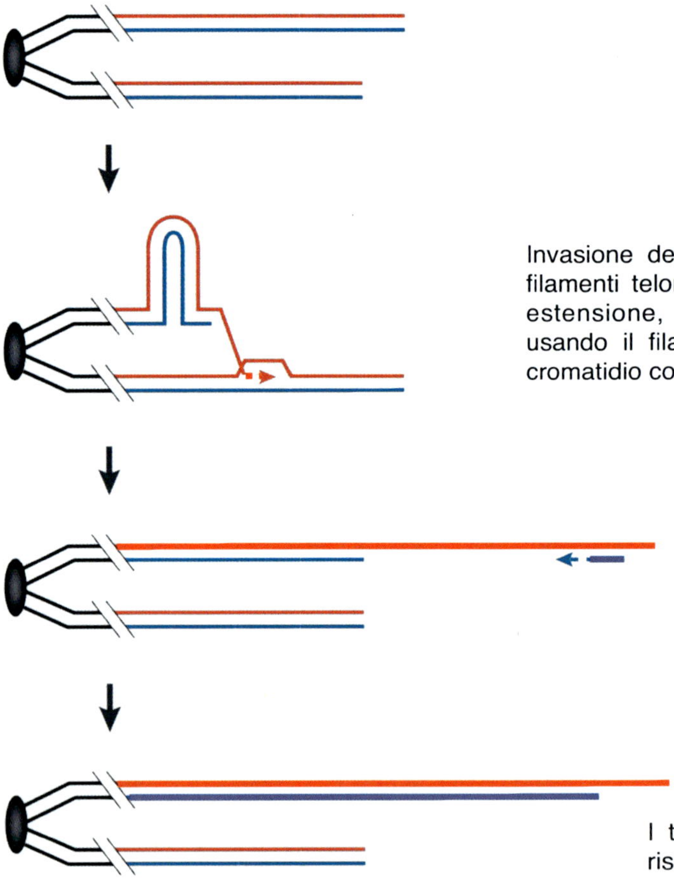

Invasione del filamento telomerico 5'—>3' tra i filamenti telomerici del cromatidio fratello e sua estensione, mediata dalla DNA polimerasi, usando il filamento telomerico 3'—>5' dell'altro cromatidio come stampo.

Separazione dei due cromatidi ed estensione del filamento telomerico 3'—>5' del cromatidio considerato mediante sintesi di frammenti di Okazaki.

I telomeri del cromatidio considerato risultano nel complesso allungati.

Figura 9: Rappresentazione del modello di replicazione del DNA telomerico dipendente da ricombinazione omologa che usa come sequenza stampo la sequenza telomerica del cromatidio fratello [56].

- di un frammento di DNA telomerico extra-cromosomico lineare a doppio filamento adiacente al telomero considerato

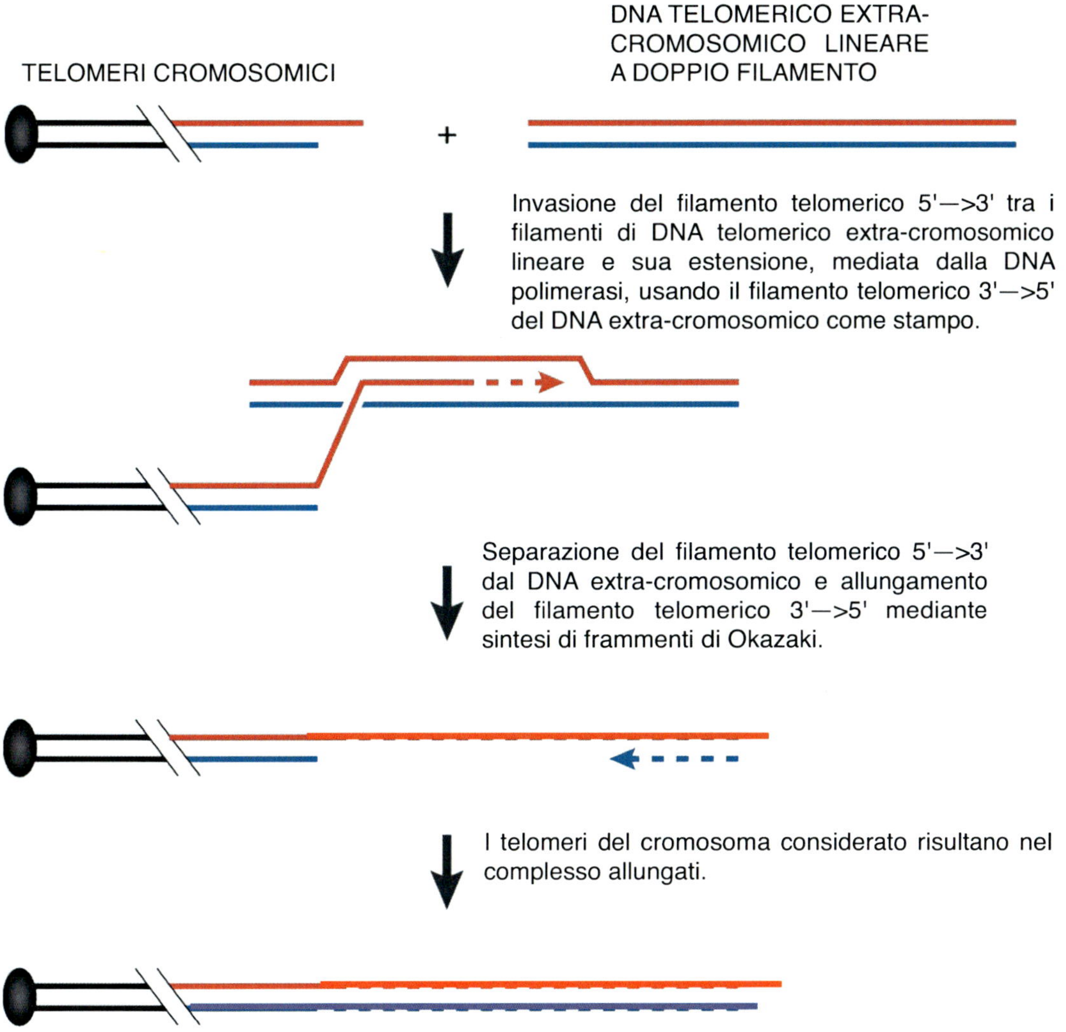

Figura 10: Rappresentazione del modello di replicazione del DNA telomerico dipendente da ricombinazione omologa che usa come sequenza stampo la sequenza telomerica di un frammento di DNA telomerico extra-cromosomico lineare a doppio filamento, adiacente al cromosoma considerato [56].

- di un frammento di DNA telomerico extra-cromosomico circolare a doppio filamento adiacente al telomero considerato

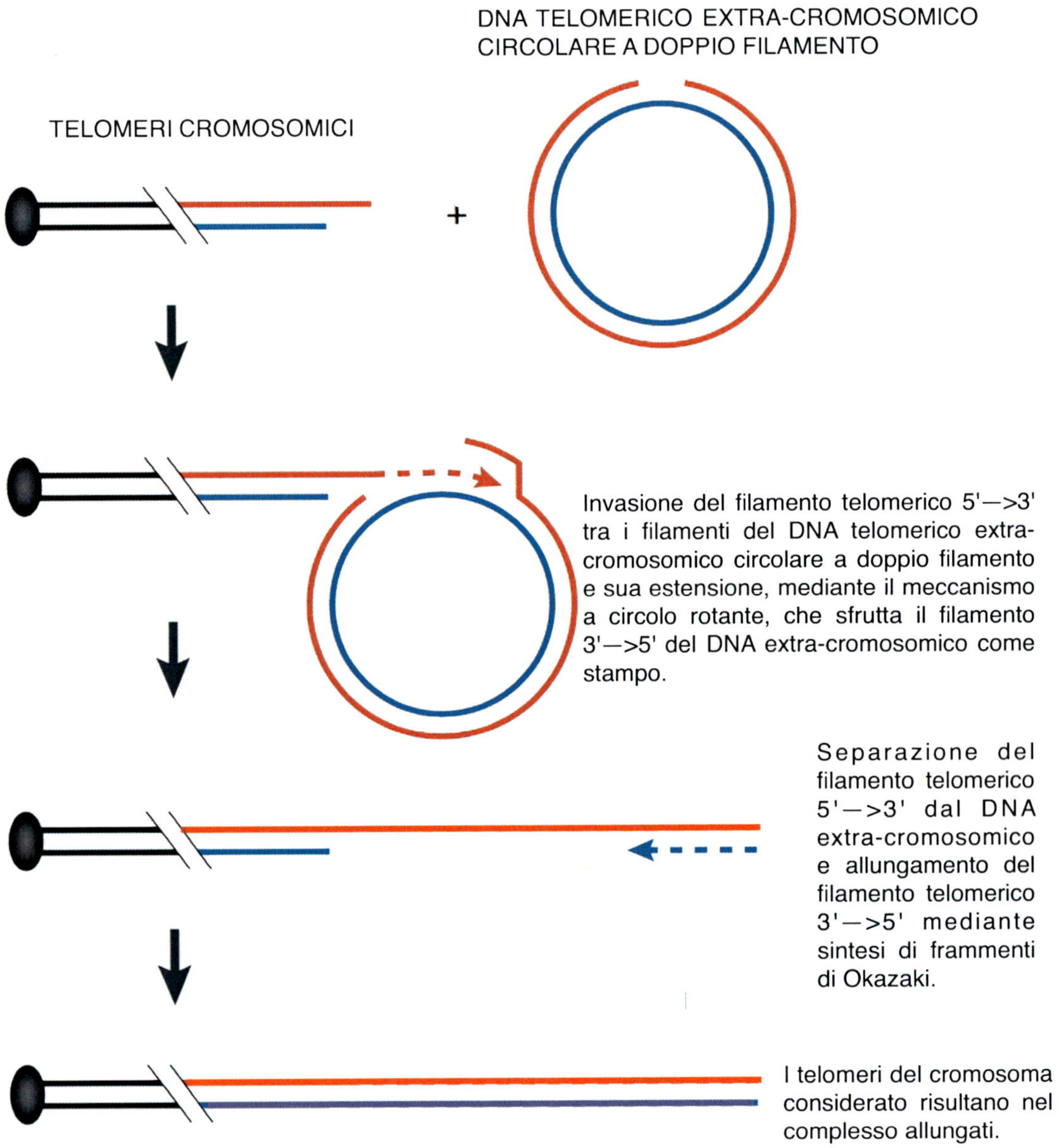

Figura 11: Rappresentazione del modello di replicazione del DNA telomerico dipendente da ricombinazione omologa che usa come sequenza stampo la sequenza telomerica di un frammento di DNA telomerico extra-cromosomico circolare a doppio filamento, adiacente al cromosoma considerato [56].

Quindi secondo quest'ultimo meccanismo i t-circles risultano essere degli ottimi mediatori dell'ALT, e questo potrebbe spiegare la loro abbondanza nelle cellule ALT-positive. In aggiunta a questo i C-circles, permettendo la sintesi continua, operata dalla DNA polimerasi, del filamento 5'—>3' complementare ad essi, possono facilmente trasformarsi in t-circles; mediando indirettamente anch'essi l'allungamento dei telomeri nelle cellule ALT-positive. Questo fenomeno fornirebbe quindi una spiegazione all'elevata abbondanza di C-circles nelle cellule ALT-positive.

2. **T-SCE (scambi telomerici tra cromatidi fratelli) diseguali:** questo modello ipotizza invece che l'allungamento alternativo dei telomeri di un cromosoma derivi da un evento di ricombinazione omologa tra i cromatidi fratelli del cromosoma considerato (presenti nel nucleo della cellula durante la fase S del ciclo cellulare). I filamenti di uno dei due cromatidi si ripiegano scambiando la loro porzione terminale, più corta, con quella dell'altro cromatidio non ripiegato, che risulterà per questo più lunga, generando a partire da una cellula madre: una prima cellula figlia contenente il cromatidio che si era ripiegato, con telomeri molto allungati, ed una seconda cellula figlia, contenente l'altro cromatidio, con telomeri molto accorciati [56]. (Questo modello è meno accreditato)

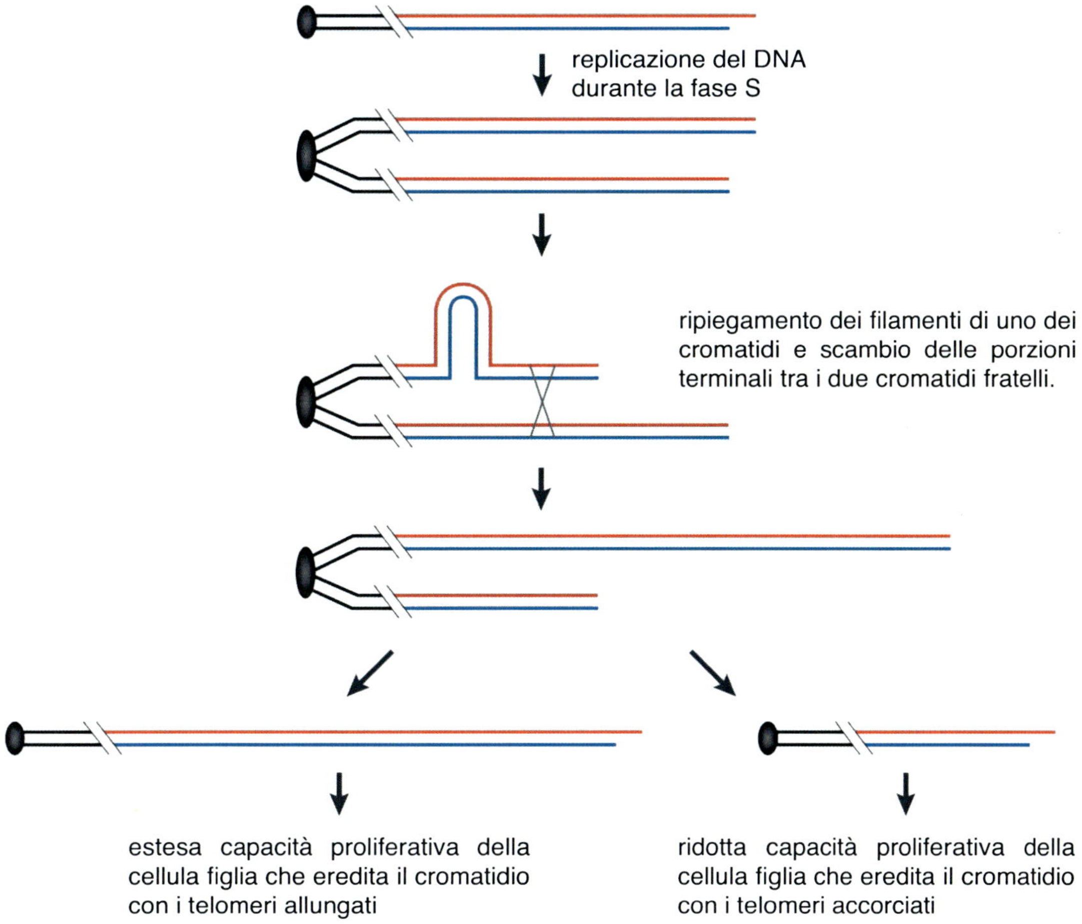

Figura 12: Rappresentazione del modello T-SCE diseguali [56].

Nonostante l'allungamento alternativo dei telomeri sia un meccanismo osservato solo in cellule tumorali e con telomeri instabili, molte, se non tutte, le proteine coinvolte nel pathway ALT sembrano essere presenti anche nelle cellule normali [56].

2.3 Proteine associate al pathway ALT:

Gli eventi sopra descritti per poter avvenire, necessitano del complesso di ricombinazione MRN, formato dalle proteine: MRE11, RAD50 e Nibrin. Normalmente MRN è un sensore di danno del DNA che recluta ATM, una Ser/Thr chinasi costituente un checkpoint di controllo durante la fase S del ciclo cellulare, che in caso di rottura del doppio filamento durante la replicazione del DNA, promuove l'arresto del ciclo cellulare e la riparazione del DNA/ apoptosi della cellula. MRN durante le fasi S e G2 del ciclo cellulare si localizza sui telomeri, attraverso l'interazione diretta con TRF2, dove recluta ATM. Quest'ultima qui facilita la delezione di un frammento di DNA sul filamento 5'-end, creando la sporgenza necessaria all'invasione inter-telomerica sul filamento 3'-end e promuovendo quindi l'ALT (modello della replicazione del DNA telomerico dipendente da ricombinazione omologa). Oltre ad MRN, anche il complesso formato dalle proteine SMC5-SMC6-MMS21 è richiesto per gli eventi di ricombinazione omologa e per l'allungamento alternativo dei telomeri. La modalità di azione di quest'ultimo complesso nell'ALT è sconosciuto, ma sembra implicare la sumoilazione, mediata da MMS21 (E3 SUMO ligasi necessaria per la risposta al danno del DNA), di alcune componenti del complesso Shelterin (TRF1, TRF2, TIN2, RAP1). Inoltre, l'attività catalitica di MMS21 risulta essere anche necessaria per la formazione dei corpi APB nelle cellule ALT positive. Secondo alcune ipotesi non ancora confermate il complesso SMC5-SMC6-MMS21 potrebbe quindi agire:

- a monte del complesso MRN: reclutando i telomeri all'interno dei corpi APB, nei quali l'MRN ivi contenuto può iniziare la loro ricombinazione

- a valle del complesso MRN: promuovendo l'estensione telomerica all'interno dei corpi APB dopo l'avvenuta invasione del filamento dipendente da MRN.

Altre proteine come FEN1, MUS81, FANCD2 e FANCA, che normalmente hanno un ruolo nella riparazione, mediata da ricombinazione, delle forcelle di replicazione bloccate o rotte, sono state identificate come richieste per il mantenimento dei tratti telomerici nelle cellule ALT-positive; ma a differenza dei complessi MRN e SMC5-SMC6-MMS21 la loro delezione non causa l'accorciamento dei telomeri. Sembra quindi che queste proteine, nelle cellule ALT-positive, svolgano un ruolo di solo mantenimento dei telomeri, riparando le forcelle di replicazione telomeriche bloccate o rotte, piuttosto che essere coinvolte nel loro diretto allungamento. La topo-isomerasi 3-α (TOP3A) e BLM (un'elicasi RecQ) sono altre proteine nucleari che potrebbero svolgere funzioni simili alle proteine precedentemente descritte, riparando anch'esse le forcelle di replicazione del DNA bloccate e promuovendo l'ALT. Come precedentemente detto invece le proteine Sp100, interagendo direttamente con

Nibrin, portano al sequestro del complesso MRN nei corpi nucleari PML, reprimendo il pathway ALT. Infine la proteina ATRX, vista nel paragrafo precedente indurre la natura etero-cromatinica dei telomeri, tramite la deposizione delle varianti istoniche H3.3 su di essi, reprime il pathway ALT secondo una modalità non ancora del tutto nota. Infatti mutazioni nella proteina ATRX si riscontrano nel ~90% delle cellule tumorali ALT positive, e il ripristino dell'espressione di ATRX in queste linee cellulari determina la perdita del pathway ALT. [54,55,56]

2.4 Repressione del pathway ALT nelle cellule somatiche:

L'allungamento alternativo dei telomeri viene costituzionalmente inibito nelle normali cellule somatiche: dalla natura etero-cromatinica dei telomeri (precedentemente descritta), dalle proteine ad essi associate (es. TRF2 e POT1), da una stabile struttura secondaria a t-loop assunta dal telomero e dai bassi livelli di DNA telomerico extra-cromosomico (sia lineare che circolare) presenti normalmente nei loro nuclei. L'ALT viene represso nelle normali cellule somatiche perchè richiederebbe per poter avvenire, sia minori livelli di proteine del complesso Shelterin legate ai telomeri, che l'assenza di un closed-capping all'estremità del cromosoma; entrambi eventi che rendendo instabile l'intero cromosoma non risultano vantaggiosi per le cellule somatiche e quindi sono riscontrati solo nelle cellule tumorali e con telomeri instabili. Infatti mentre nelle normali cellule somatiche, le estremità dei telomeri cromosomici si trovano in uno stato di closed-capping, reprimendo sia le fusioni end-to-end dei filamenti che il pathway di risposta al danno al DNA, nelle cellule ALT-positive esse si trovano in uno stato di semi-capping, promuovendo spontaneamente il pathway di risposta al danno al DNA (e di conseguenza anche gli eventi di ricombinazione necessari all'ALT) ma reprimendo le fusioni end-to-end dei filamenti. Nelle cellule normali lo stato di semi-capping non potrebbe avvenire, poichè se innescato il pathway di risposta al danno del DNA determinerebbe l'arresto del ciclo cellulare e la morte della cellula per apoptosi o senescenza mediati da p53. Invece nelle cellule ALT-positive, in genere tumorali, p53 non risulta più funzionale e perciò non si verifica nessuno dei due eventi precedentemente citati, permettendo alla cellula di continuare a replicarsi.

A)

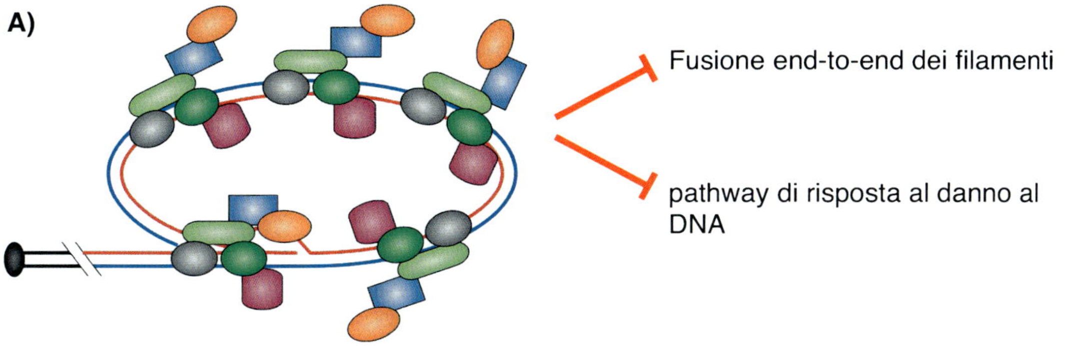

Telomero nello stato di closed-capping

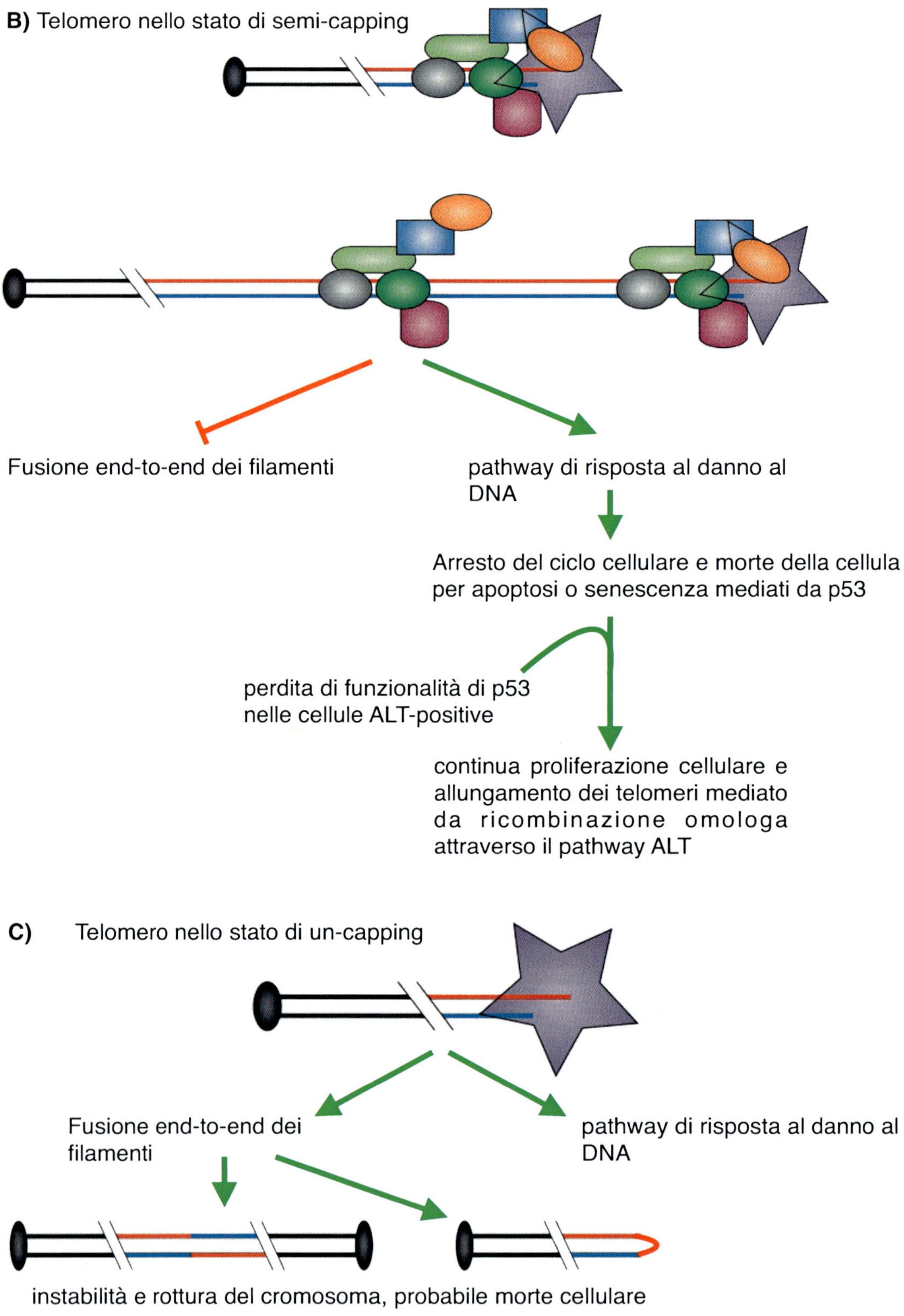

Figura 13: Telomeri negli stati di: closed-capping (**A**), semi-capping (**B**) ed un-capping (**C**) [56].

2.5 Regolazione epigenetica del pathway ALT:

La metilazione del DNA a livello delle terminazioni telomeriche reprime lo sviluppo del pathway ALT compattando la cromatina ed impedendo i fenomeni di ricombinazione. L'ipo-metilazione del DNA telomerico allo stesso livello permette invece che si verifichino gli eventi di ricombinazione necessari allo sviluppo del pathway ALT. Esistono numerosi meccanismi epigenetici che regolano lo stato della cromatina telomerica promuovendo o reprimendo l'ALT, di seguito sono stati descritti i principali [59]:

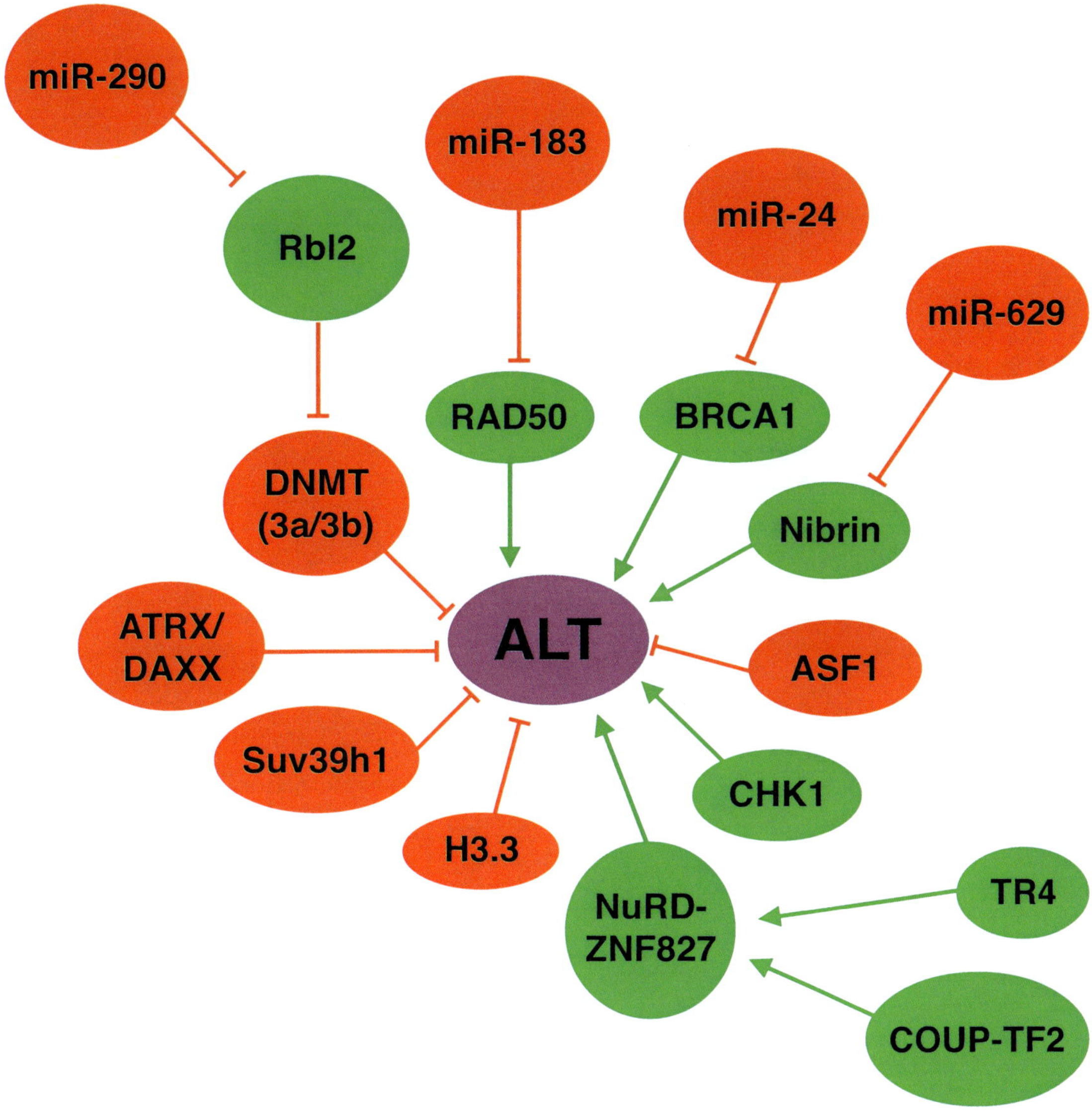

Figura 14: Meccanismi epigenetici che promuovono (evidenziati in verde)/reprimono (evidenziati in rosso) il pathway ALT nelle cellule umane. I recettori nucleari TR4 e COUP-TF2 reclutano il complesso proteico NuRD-ZNF827 sui telomeri [59].

3 Telomerasi:

Negli esseri umani, più frequentemente rispetto all'ALT, le cellule con un alto tasso di divisione (cellule staminali embrionali e tumorali) eludono la barriera della senescenza replicativa allungando i propri telomeri attraverso una specifica DNA polimerasi chiamata telomerasi, che aggiunge ripetizioni dirette "TTAGGG" all'estremità terminale del telomero. La telomerasi è una ribo-nucleo-proteina (RNP) composta da [13,14]:

- una subunità proteica contenente il dominio di trascrittasi inversa (hTERT)
- un RNA template (hTERC, hTER o hTR).

3.1 Meccanismo d'azione:

Il meccanismo di azione della telomerasi può essere descritto da quattro eventi:

1) Riconoscimento della porzione telomerica del DNA, ricca in G
2) Allineamento del template hTR al filamento di DNA 3'-end
3) Allungamento del filamento aggiungendo nucleotidi al 3'-end, mediante il dominio di trascrittasi inversa che usa come stampo il template TR
4) Traslocazione dell'intero complesso alla fine della ripetizione appena aggiunta avviando un altro ciclo.

Quando la telomerasi si dissocia, la primasi posiziona sul filamento 5'-end un RNA primer, che la DNA polimerasi successivamente estende a partire dal suo 3'-end fino al 5'-end del primer precedente, il telomero risulterà cosi nel complesso allungato [13,14].

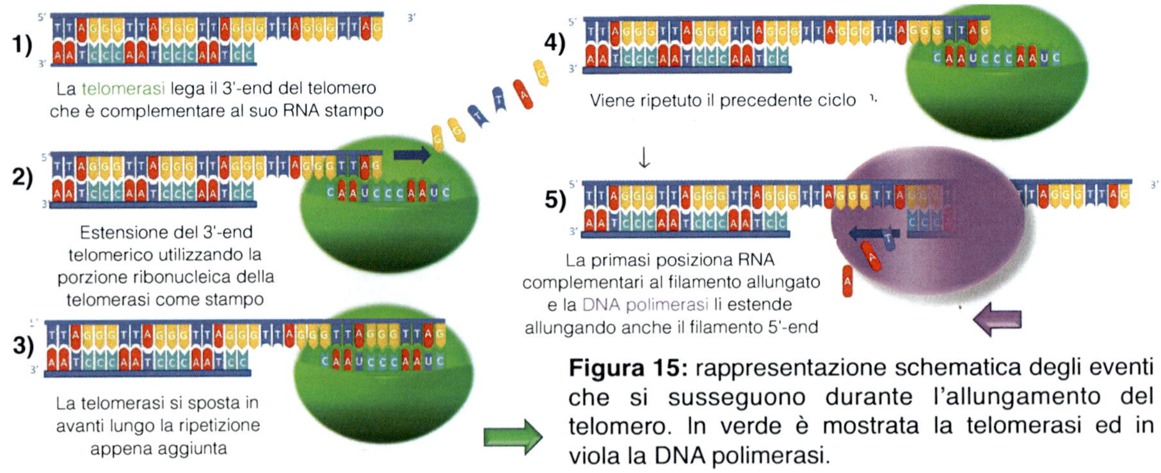

Figura 15: rappresentazione schematica degli eventi che si susseguono durante l'allungamento del telomero. In verde è mostrata la telomerasi ed in viola la DNA polimerasi.

3.2 Sequenza a.a. e struttura della telomerasi:

Qui di seguito è stata analizzata la sequenza ammino-acidica di hTERT evidenziandone i 4 domini principali e le rispettive funzioni:

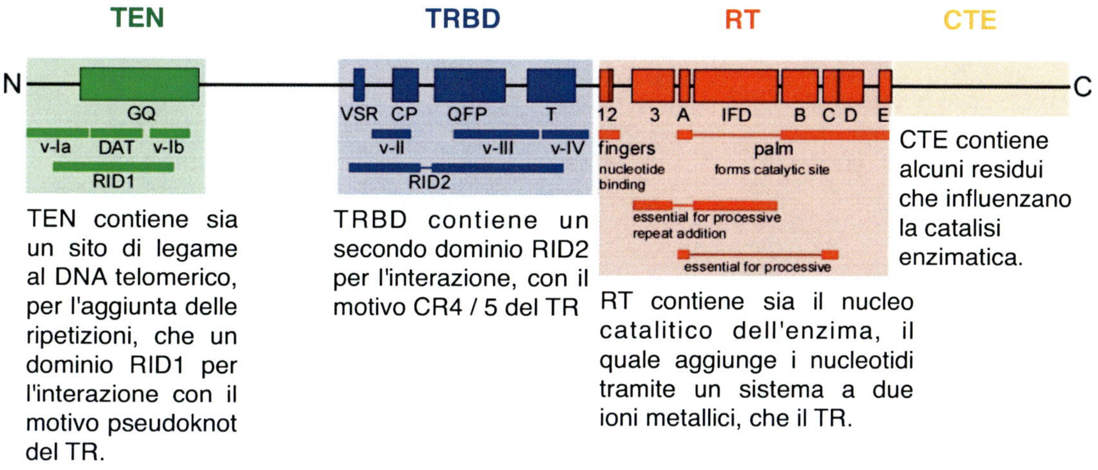

Figura 16: mappa della sequenza amminoacidica di hTERT, in cui sono stati evidenziati i suoi domini principali: TEN, TRBD, RT e CTE codificati a colori [1,18].

Sequenza ammino-acidica di hTERT:

1 MPRAPRCRAVRSLLRSHYREVLPLATFVRRLGPQGWRLVQRGDPAAFRALVAQCLVCVPWDARPPP
67 AAPSFRQVSCLKELVARVLQRLCERGAKNVLAFGFALLDGARGGPPEAFTTSVRSYLPNTVTDALR
133 GSGAWGLLLRRVGDDVLVHLLARCALFVLVAPSCAYQVCGPPLYQLGAATQARPPPHASGPRRRLG
199 CERAWNHSVREAGVPLGLPAPGARRRGGSASRSLPLPKRPRRGAAPEPERTPVGQGSWAHPGRTRG
265 PSDRGFCVVSPARPAEEATSLEGALSGTRHSHPSVGRQHHAGPPSTSRPPRPWDTPCPPVYAETKH
331 FLYSSGDKEQLRPSFLLSSLRPSLTGARRLVETIFLGSRPWMPGTPRRLPRLPQRYWQMRPLFLEL
397 LGNHAQCPYGVLLKTHCPLRAAVTPAAGVCAREKPQGSVAAPEEEDTDPRRLVQLLRQHSSPWQVY
463 GFVRACLRRLVPPGLWGSRHNERRFLRNTKKFISLGKHAKLSLQELTWKMSVRDCAWLRRSPGVGC
529 VPAAEHRLREEILAKFLHWLMSVYVVELLRSFFYVTETTFQKNRLFFYRKSVWSKLQSIGIRQHLK
595 RVQLRELSEAEVRQHREARPALLTSRLRFIPKPDGLRPIVNMDYVVGARTFRREKRAERLTSRVKA
661 LFSVLNYERARRPGLLGASVLGLDDIHRAWRTFVLRVRAQDPPPELYFVKVDVTGAYDTIPQDRLT
727 EVIASIIKPQNTYCVRRYAVVQKAAHGHVRKAFKSHVSTLTDLQPYMRQFVAHLQETSPLRDAVVI
793 EQSSSLNEASSGLFDVFLRFMCHHAVRIRGKSYVQCQGIPQGSILSTLLCSLCYGDMENKLFAGIR
859 RDGLLLRLVDDFLLVTPHLTHAKTFLRTLVRGVPEYGCVVNLRKTVVNFPVEDEALGGTAFVQMPA
925 HGLFPWCGLLLDTRTLEVQSDYSSYARTSIRASLTFNRGFKAGRNMRRKLFGVLRLKCHSLFLDLQ
991 VNSLQTVCTNIYKILLLQAYRFHACVLQLPFHQQVWKNPTFFLRVISDTASLCYSILKAKNAGMSL
1057 GAKGAAGPLPSEAVQWLCHQAFLLKLTRHRVTYVPLLGSLRTAQTQLSRKLPGTTLTALEAAANPA
1123 LPSDFKTILD

Figura 17: sequenza dell'isoforma canonica di hTERT composta da 1132 a.a. [1]. Sono stati evidenziati i domini principali dell'enzima codificati secondo i colori della figura 3. I residui sottolineati in verde e blu rappresentano rispettivamente i domini RID1 e RID2 della proteina, quelli evidenziati su sfondo giallo rappresentano gli amminoacidi di legame con i 3 ioni Mg (II) nel sito catalitico, quelli su sfondo nero i siti fosforilabili post-traduzionalmente, quelli su sfondo rosso le lisine ubiquitinabili post-traduzionalmente e quelli in sfondo grigio una sequenza richiesta per l'attività catalitica della telomerasi e per la sua associazione stabile a corti primer telomerici del filamento 3'-end. Il residuo evidenziato in sfondo verde è necessario per l'incorporazione di nucleotidi e per un'elevata processività nell'estensione del primer, mentre quello evidenziato in sfondo rosa è richiesto per un legame ottimale al ssDNA telomerico. I residui evidenziati su sfondo azzurro sono richiesti per la regolazione della specificità di hTERT verso il DNA telomerico e della processività nell'allungamento del primer al 3'-end. Infine il motivo riquadrato con la linea tratteggiata rossa rappresenta la sequenza segnale per l'importazione nucleare di hTERT [6,51].

La struttura terziaria della proteina è stata predetta a partire dalla precedente sequenza per mezzo del software phyre2 [2]:

A)

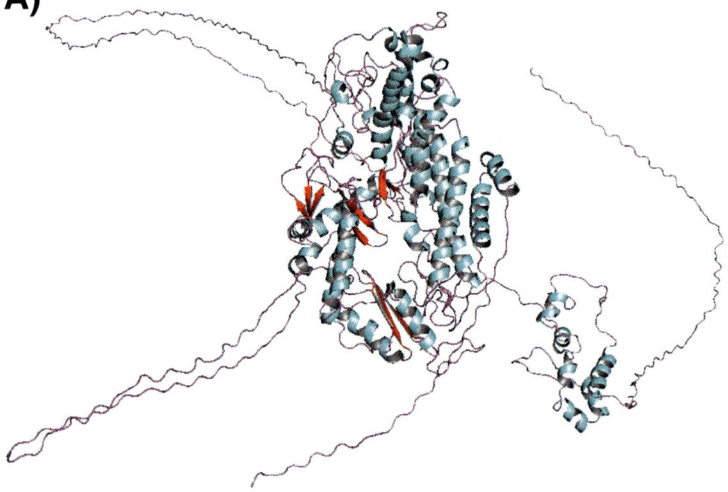

B)

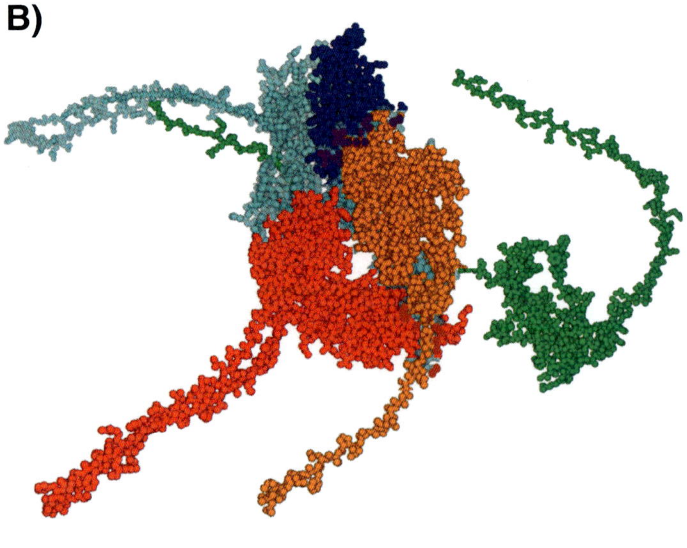

Figura 18: strutture terziarie assunte dall'isoforma canonica di hTERT: A) rappresentazione delle strutture secondarie di hTERT, determinate attraverso il software MacPyMol: in rosso sono evidenziati i foglietti β, in grigio le α-eliche ed in rosa i loop. B) rappresentazione dei domini principali della proteina, codificati secondo i colori delle figure 3 e 4 per mezzo del software UGENE.

3.2.1 Mutazioni della sequenza amminoacidica di hTERT:

Per prevedere se la sostituzione di un singolo amminoacido nella struttura primaria della proteina wild-type provochi un effetto sulla funzionalità generale dell'enzima, e l'entità di questo effetto, la sequenza ammino-acidica di hTERT è stata analizzata utilizzando il software SNAP2. I risultati di questa analisi sono sintetizzati nella seguente heatmap, costruita utilizzando il software R [88,89]:

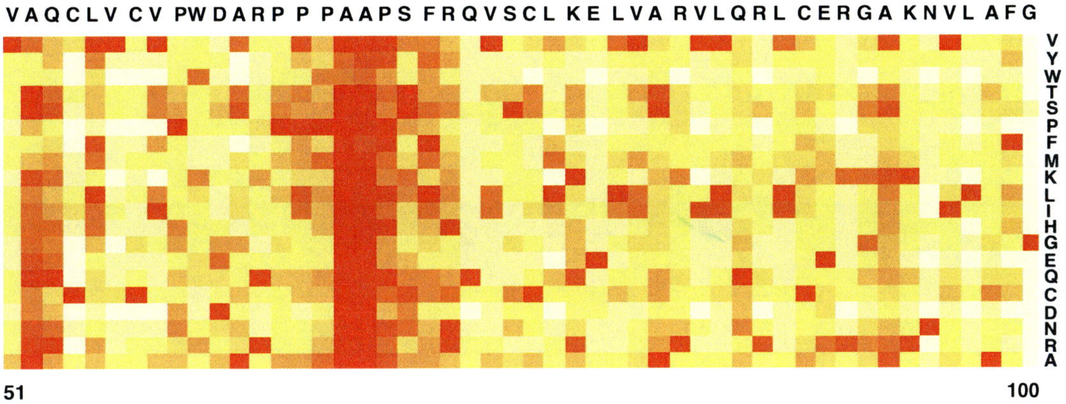

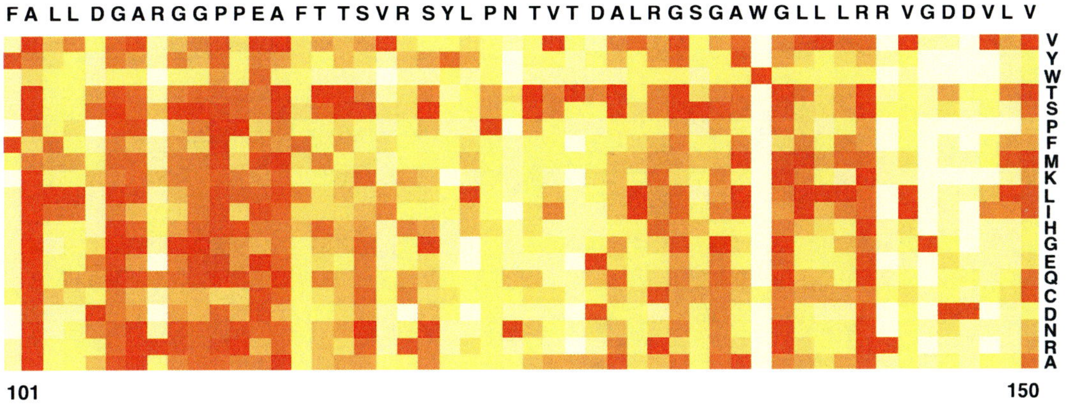

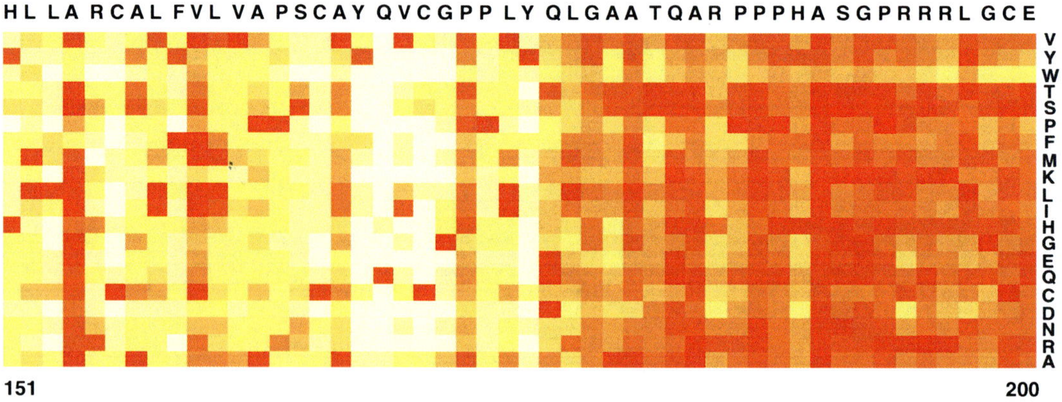
HL LA RCAL FVL VA PSCAY QVCGPP LY QLGAA TQAR PPPHA SGPRRRL GCE
V Y W T S P F M K L I H G E Q C D N R A
151
200

RAWNHSVR EAGVP LGL PAPG ARRRGGSAS RSL PLPK RPRRGAA PEPE RTP
V Y W T S P F M K L I H G E Q C D N R A
201
250

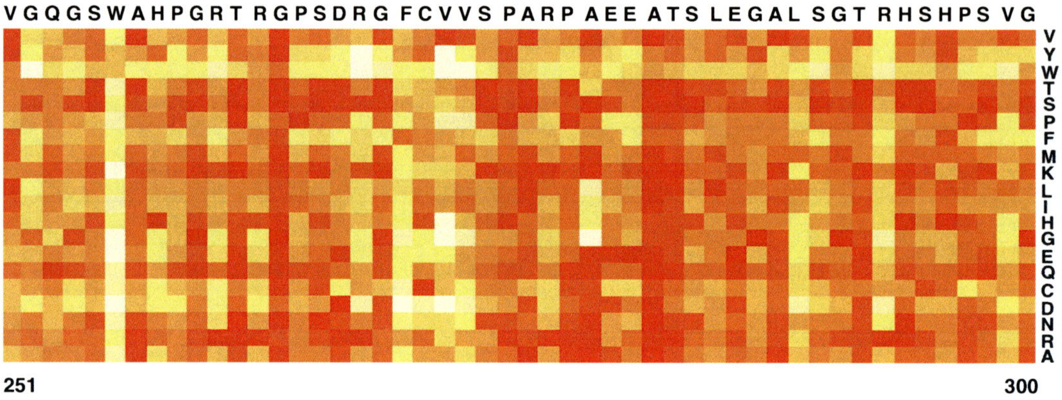
VGQGSWAHPGRT RGPSDRG FCVVS PARP AEE ATS LEGAL SGT RHSHPS VG
V Y W T S P F M K L I H G E Q C D N R A
251
300

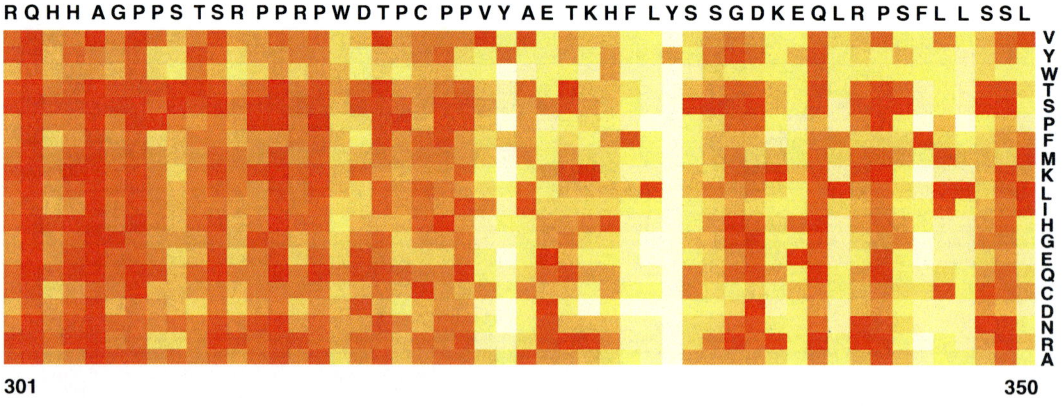
RQHH AGPPS TSR PPRPWDTPC PPVY AE TKHF LYS SGDKEQLR PSFL L SSL
V Y W T S P F M K L I H G E Q C D N R A
301
350

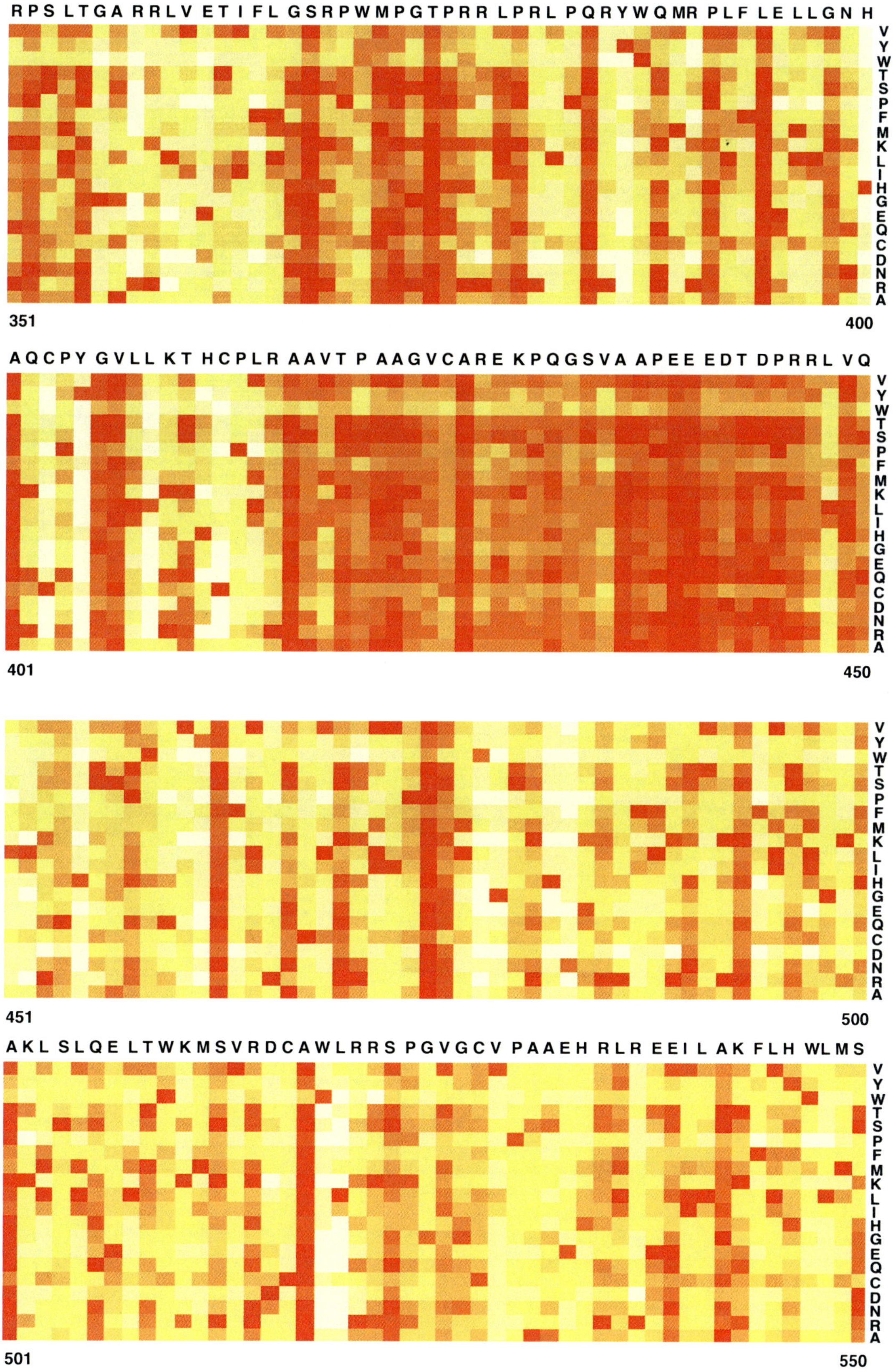
RPS LTGA RRLV ET I FL GSRPWMPGTPRR LPRL PQRYWQMR PLF LE LLGN H
V Y W T S P F M K L I H G E Q C D N R A
351
400
AQCPY GVLL KT HCPLR AAVT P AAGVCARE KPQGSVA APEE EDT DPRRL VQ
V Y W T S P F M K L I H G E Q C D N R A
401
450
V Y W T S P F M K L I H G E Q C D N R A
451
500
AKL SLQE LTWKMSVRDCAWLRRS PGVGCV PAAEH RLR EEI L AK FLH WLMS
V Y W T S P F M K L I H G E Q C D N R A
501
550

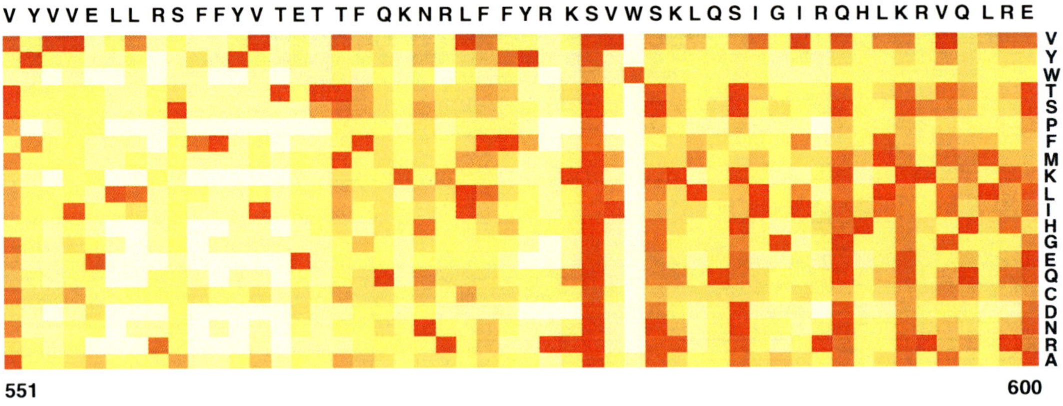
V YVVE LL RS FFYV TET TF QKNRLF FYR KSVWSKLQS I G I RQHLKRVQ LRE
V Y W T S P F M K L I H G E Q C D N R A
551
600

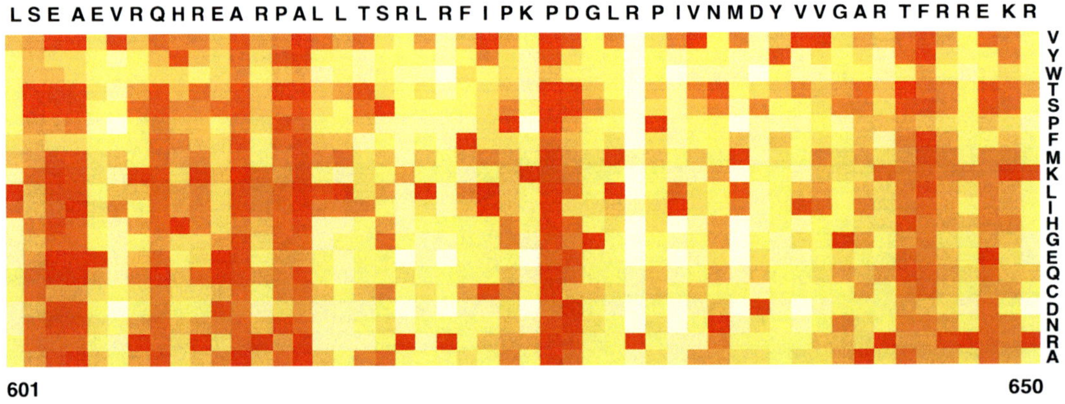
LSE AEVRQHREA RPAL L TSRL RF I PK PDGLR P IVNMDY VVGAR TFRRE KR
V Y W T S P F M K L I H G E Q C D N R A
601
650

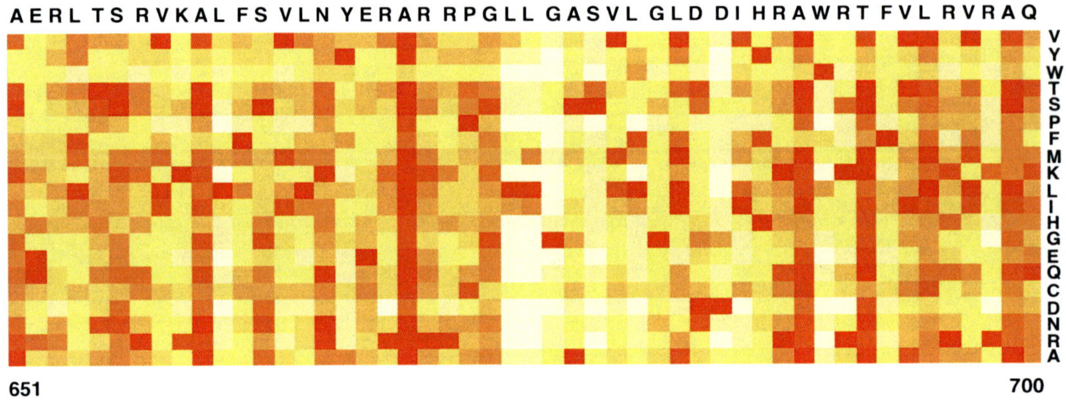
AERL TS RVKAL FS VLN YERAR RPGLL GASVL GLD DI HRAWRT FVL RVRAQ
V Y W T S P F M K L I H G E Q C D N R A
651
700

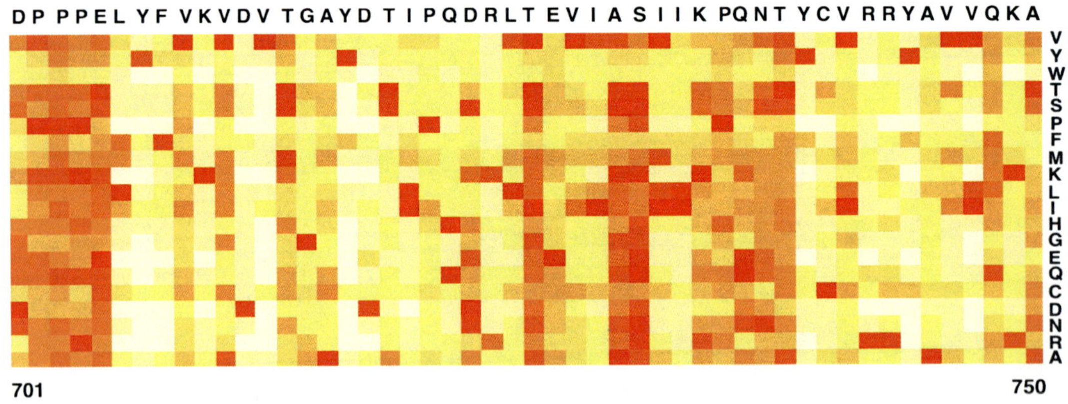
DP PPEL YF VKVDV TGAYD T I PQDRLT EV I A S I I K PQNT YCV RRYAV VQKA
V Y W T S P F M K L I H G E Q C D N R A
701
750

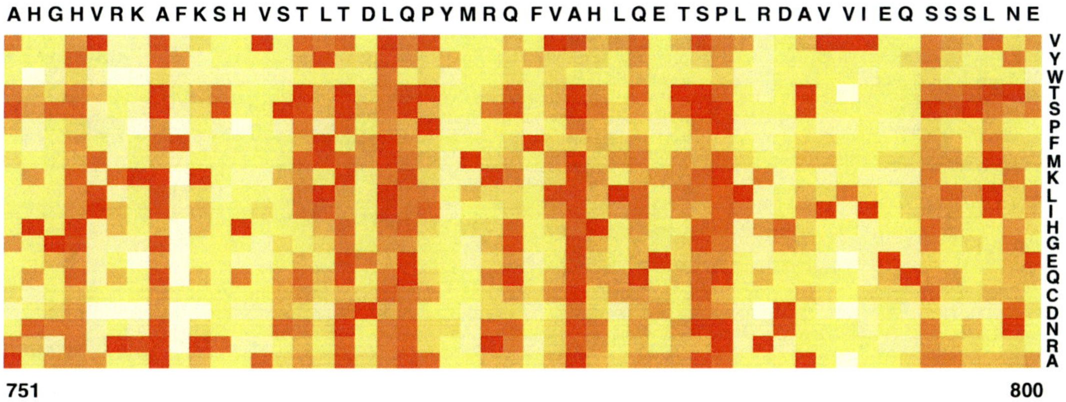
A H G H V R K A F K S H V S T L T D L Q P Y M R Q F V A H L Q E T S P L R D A V V I E Q S S S L N E
V Y W T S P F M K L I H G E Q C D N R A
751
800

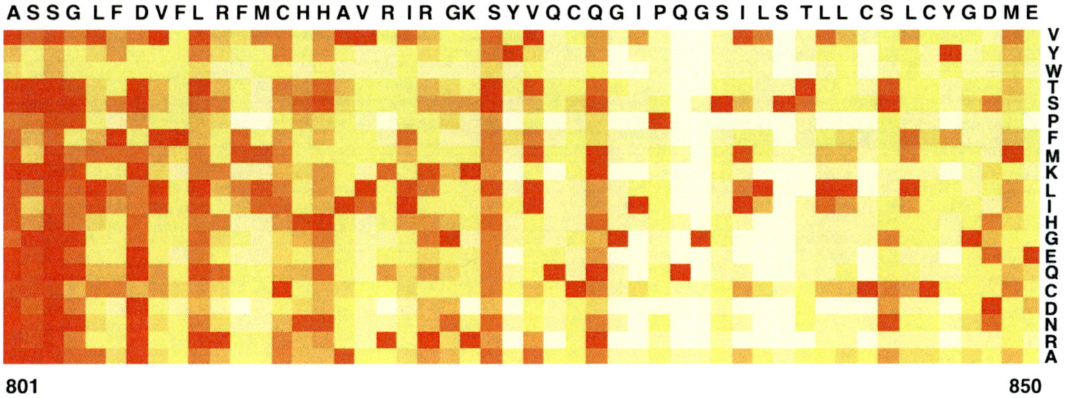
A S S G L F D V F L R F M C H H A V R I R G K S Y V Q C Q G I P Q G S I L S T L L C S L C Y G D M E
V Y W T S P F M K L I H G E Q C D N R A
801
850

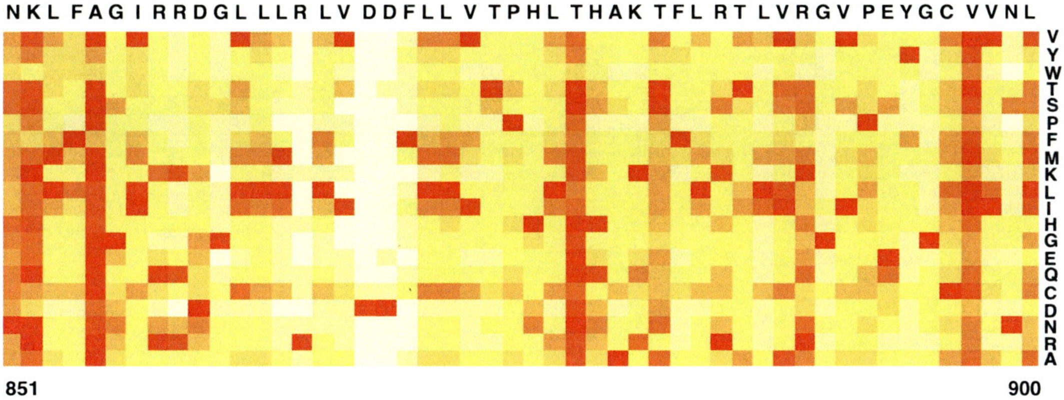
N K L F A G I R R D G L L L R L V D D F L L V T P H L T H A K T F L R T L V R G V P E Y G C V V N L
V Y W T S P F M K L I H G E Q C D N R A
851
900

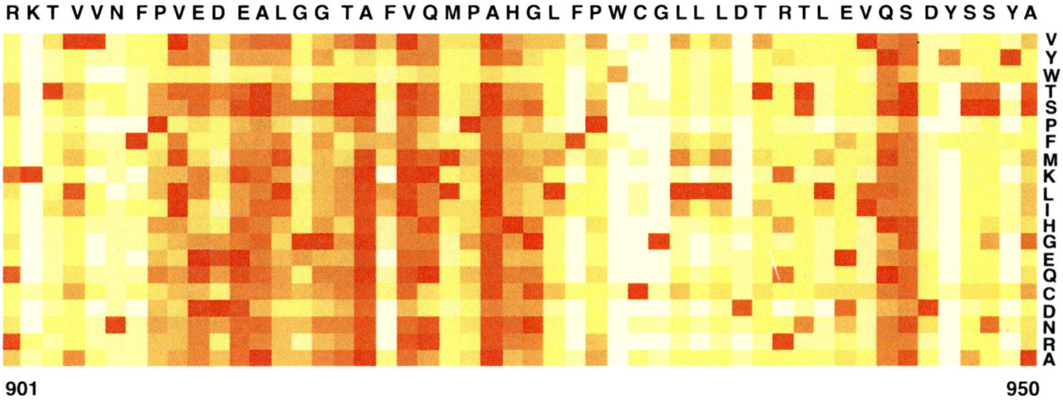
R K T V V N F P V E D E A L G G T A F V Q M P A H G L F P W C G L L L D T R T L E V Q S D Y S S Y A
V Y W T S P F M K L I H G E Q C D N R A
901
950

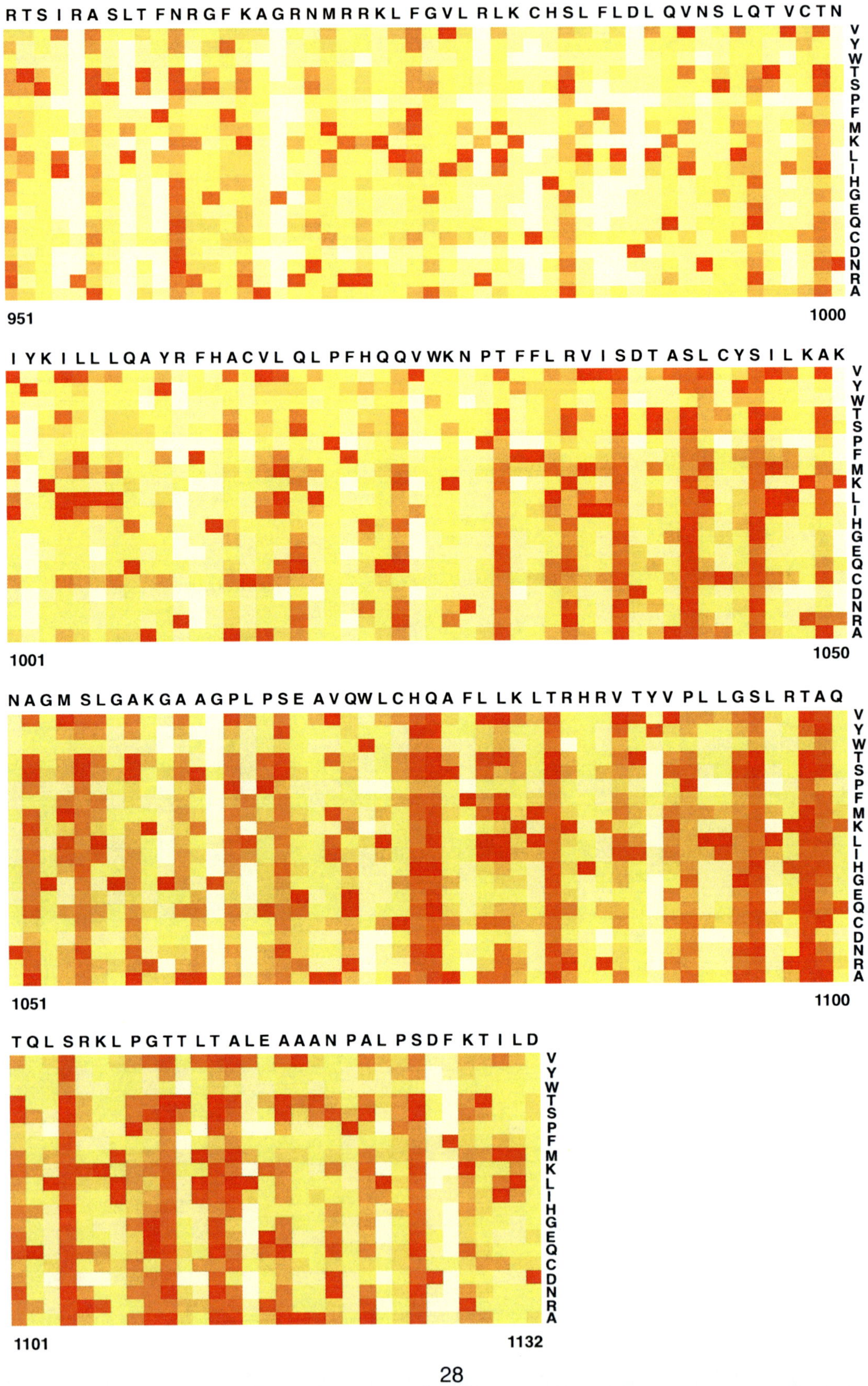
RTS I RA SLT FNRGF KAGRNMRRKL FGVL RLK CHSL FLDL QVNS LQT VCTN
V Y W T S P F M K L I H G E Q C D N R A
951
1000
I YK I LL LQA YR FHACVL QL PFHQQVWKN PT FFL RV I SDT ASL CYS I L KAK
V Y W T S P F M K L I H G E Q C D N R A
1001
1050
NAGM SLGAKGA AGPL PSE AVQWLCHQA FL LK LTRHRV TYV PL LGSL RTAQ
V Y W T S P F M K L I H G E Q C D N R A
1051
1100
TQL SRKL PGTT LT ALE AAAN PAL PSDF KT I LD
V Y W T S P F M K L I H G E Q C D N R A
1101
1132

Figura 19: heatmap che sintetizza la presenza e l'entità dell'effetto provocato da ogni singola possibile sostituzione amminoacidica nella catena di hTERT sulla funzionalità dell'enzima: più il colore tende al rosso (= nessun effetto) e minore sarà l'entità dell'effetto, al contrario più il colore tende ad essere chiaro(= presenza di un effetto) e più questo effetto condizionerà in modo importante la funzionalità di hTERT. Non è noto a priori se l'effetto della sostituzione, quando presente, migliorerà o peggiorerà l'attività dell'enzima [88,89].

Pur non fornendo una rappresentazione precisa dei risultati ottenuti la precedente heatmap fornisce comunque una loro rappresentazione intuitiva e sintetica, utile per essere riportata in formato cartaceo. Tuttavia per capire con esattezza quali delle precedenti sostituzioni amminoacidiche predette da SNAP2, determinino verosimilmente un cambiamento della funzionalità di hTERT, i precedenti risultati sono stati analizzati in silico (sempre utilizzando il software R) filtrando tra le 22.640 varianti predette, quelle aventi un certo valore soglia di accuratezza (≥ 80%) e che determinino un effetto importante e non trascurabile sulla funzionalità dell'enzima (≥ 90 in un range che va da -100 a +100). Le varianti predette che rispecchiano questi parametri sono elencate qui di seguito [89]:

Y18R Y18N Y18Q Y18E Y18K Y18P G100L G100K G100P G100Y W137R W137N W137D

W137Q W137E W137K W137P W137T Y168K Y168P Q169R Q169K C171P Y325P Y333R Y333N

Y333D Y333Q Y333E Y333G Y333H Y333L Y333K Y333M Y333P Y333W Y405K Y405P D516K

W519D W519P L520D L520P F561K F561P Y562P W581R W581D W581Q W581E W581H W581K

W581P W581T R631D V713P V791D V791E V791T Q833P G834K G834P S838P R865D R865W

V867G V867H V867L V867M V867S D868R D868H D868I D868L D868K D868P D868W D868Y

D869R D869N D869L D869K D869P D869W F870P K902D K902E K902P K902W F928P W930R

W930N W930D W930E W930H W930K W930P W930T G932R G932K G932P G932W G932Y

Y946R Y946N Y946D Y946Q Y946E Y946K Y946P R955D R955P F986P Y1002P R1011D W1072P

Y1089R Y1089D Y1089K Y1089P

3.2.2 Isoforme patologiche di hTERT:

Alcune malattie genetiche, associate a telomeri più brevi del normale, sono causate da una telomerasi difettosa nel periodo embrionale. Ad esempio, la Dyskeratosi congenita (DKC) è una sindrome che causa un prematuro invecchiamento, essa è legata a mutazioni nel complesso della telomerasi che determinano una diminuzione della sua stabilità e di conseguenza telomeri più corti. I pazienti con DKC sviluppano come conseguenza diverse patologie, tra cui bassa statura, ipo-gonadismo, infertilità, insufficienza del midollo osseo, difetti della pelle, difetti ematopoietici e morte prematura. Un altro esempio di malattia umana determinata da una mutazione del complesso hTERT è l'anemia aplastica. Essa determina un'incapacità delle HSC midollari di dare origine alle varie popolazioni di cellule ematiche a causa di un difetto della telomerasi che non permette una loro efficiente proliferazione [16]. Di seguito sono riportate le più frequenti variazioni della sequenza amminoacidica di hTERT associate ad alcune malattie genetiche [6]:

- **ANEMIA APLASTICA:**

posizione del residuo nella catena:	variazione osservata nella patologia:	effetto su hTERT:
441	mancante	//
570	K —> N	abolizione dell'attività catalitica, ma non del legame al TR
631	R —> Q	//
682	G —> D	abolizione dell'attività catalitica, ed in parte del legame al TR
726	T —> M	nessun effetto sull'attività catalitica, ma porta a telomeri più corti
785	P —> L	//

- **DISKERATOSI CONGENITA di tipo 2 (autosomica dominante):**

posizione del residuo nella catena:	variazione osservata nella patologia:	effetto su hTERT:
902	K —> N	abolizione dell'attività catalitica, ma non del legame al TR
979	R —> W	nessun effetto sull'attività catalitica o sul legame al TR, ma porta a telomeri più corti
1127	F —> L	nessun effetto sull'attività catalitica o sul legame al TR, ma porta a telomeri più corti

- **FIBROSI POLMONARE E/O INSUFFICIENZA MIDOLLARE CORRELATA AL TELOMERO 1:**

posizione del residuo nella catena:	variazione osservata nella patologia:	effetto su hTERT:
170	V —> M	diminuzione dell'attività telomerasica

posizione del residuo nella catena:	variazione osservata nella patologia:	effetto su hTERT:
412	H —> Y	diminuzione del 64% dell'attività dell'enzima
716	A —> T	attività dell'enzima severamente compromessa
772	Y —> C	//
791	V —> I	riduzione della processività nell'aggiunta delle ripetizioni telomeriche.
841	L —> F	//
865	R —> H	//
867	V —> M	riduzione della processività nell'aggiunta delle ripetizioni telomeriche.
902	K —> R	//
923	P —> L	//
1025	V —> F	//
1090	V —> M	//

- **DISKERATOSI CONGENITA di tipo 4 (autosomica recessiva):**

posizione del residuo nella catena:	variazione osservata nella patologia:	effetto su hTERT:
704	P —> S	diminuzione dell'87% dell'attività dell'enzima
721	P —> R	nessun effetto sull'attività catalitica, viene in parte ridotta l'affinità del legame al TR
811	R —> C	diminuzione del 50% dell'attività dell'enzima
901	R —> W	Telomeri molto corti e attività dell'enzima molto ridotta

Altre alterazioni nella sequenza di hTERT che reprimono l'attività dell'enzima sono:

posizione del residuo nella catena:	variazione osservata nella patologia:	effetto su hTERT:
137 - 141	WGLLL —> AAAAA	Riduzione dell'attività catalitica e della processività nell'aggiunta di nucleotidi. Si verifica la completa perdita dell'attività catalitica ma non del legame al telomero, se questa mutazione è associata all'ultima descritta in questa tabella (a.a. 930-934).
169	Q —> A	Perdita dell'80% dell'attività catalitica dell'enzima, riduzione nell'incorporazione dei nucleotidi e alterata forza di legame al ssDNA telomerico. Non comporta nessun effetto sui livelli della proteina o sull'interazione col TR.

posizione del residuo nella catena:	variazione osservata nella patologia:	effetto su hTERT:
169	Q —> N	Perdita dell'85% dell'attività catalitica dell'enzima, riduzione nell'incorporazione dei nucleotidi e alterata forza di legame al ssDNA telomerico. Non comporta nessun effetto sui livelli della proteina o sull'interazione col TR.
169	Q —> T	Perdita dell'90% dell'attività catalitica dell'enzima, riduzione nell'incorporazione dei nucleotidi e alterata forza di legame al ssDNA telomerico. Non comporta nessun effetto sui livelli della proteina o sull'interazione col TR.
457	S —> A	Abolisce la fosforilazione di hTERT da parte di DYRK2
547	W —> A	Riduce l'affinità di hTERT con il TR
631	R —> A	Abolisce l'attività catalitica di hTERT
707	Y —> F	impedisce la repressione e la traslocazione citoplasmatica della telomerasi mediata da c-Abl in condizioni di stress ossidativo
712	D —> A	Perdita dell'attività catalitica.
866	L —> Y	Riduzione moderata dell'attività di hTERT.
867	V —> A	Perdita del 75% dell'attività catalitica dell'enzima e dell'80% nella velocità di aggiunta di nucleotidi al 3' end telomerico.
867	V —> M	Perdita del 75% dell'attività catalitica dell'enzima e del 50% nella velocità di aggiunta di nucleotidi al 3' end telomerico.
867	V —> T	Perdita totale dell'attività catalitica dell'enzima e del 50% nella velocità di aggiunta di nucleotidi al 3' end telomerico.
868 - 869	DD —> AA	Perdita dell'attività catalitica.
868	D —> A	Perdita dell'attività catalitica.
869	D —> A	Perdita dell'attività catalitica.
930 - 934	WCGLL —> AAAAA	Perdita completa dell'attività di estensione del 3' end telomerico e riduzione del legame della telomerasi a primer telomerici corti. Si verifica la completa perdita dell'attività catalitica ma non del legame al telomero, se questa mutazione è associata alla prima descritta in questa tabella (a.a. 137-141).

3.3 Attività catalitica e livelli di hTERT nella cellula:

Il numero di copie del singolo enzima hTERT, espresso nelle cellule wild-type TERT-positive, si stima che sia ~240 per cellula, tuttavia i livelli espressi dell'enzima potrebbero variare durante le diverse fasi del ciclo cellulare; raggiungendo un picco di espressione durante la fase S avanzata. Indipendentemente da questo, la telomerasi è certamente una delle RNP meno abbondanti nella cellula, se paragonata ad altre RNP come: i piccoli RNP nucleari (snRNPs), 7SK RNP e RNasi P [70].

RNP	copie della proteina per cellula
Telomerasi	~$2*10^2$
U1 (snRNP)	~$1*10^6$
U2 (snRNP)	~$5*10^5$
U4 (snRNP)	~$2*10^5$
U5 (snRNP)	~$2*10^5$
U6 (snRNP)	~$4*10^5$
U7 (snRNP)	~$4*10^3$
7SK	~$2*10^5$
RNasi P	~$2*10^5$

Tabella 1: livelli misurati di alcune ribo-nucleo-proteine (RNP) presenti in una cellula [70].

Questo non è sorprendente perché queste altre ribo-nucleo-proteine sono coinvolte nei processi di trascrizione del pre-mRNA e nello splicing/maturazione del tRNA e dell'rRNA, processi che coinvolgono molti più substrati e che si verificano con una frequenza molto maggiore rispetto al processo di estensione dei telomeri. Tuttavia risultò sorprendente durante alcuni esperimenti, che in seguito alla sovra-espressione della telomerasi in cellule TERT-positive, la velocità di allungamento dei telomeri non aumentava di molto in queste cellule. Ciò è dovuto al fatto che la massima attività catalitica di hTERT registrata è di circa ~60 nucleotidi incorporati da un singolo enzima al minuto, e la sua Km risulta essere di ~17 μM. Confrontando l'attività catalitica della telomerasi con quella delle altre polimerasi cellulari si osserva quindi che hTERT non è una polimerasi molto efficiente [70].

DNA polimerasi	Attività catalitica (nucleotidi incorporati dall'enzima in un minuto)
Telomerasi (human)	~60
Trascrittasi inversa (HIV-1)	~1100
RNA polimerasi II (human)	~1200
DNA polimerasi III (E.Coli)	~54000

Tabella 2: livelli di attività di hTERT e di alcune altre DNA polimerasi a confronto [70].

Inoltre la concentrazione di dNTP nel nucleo della cellula è molto inferiore alla Km stimata della telomerasi (es. ~1,5 μM per il dGTP), e questo determina un ulteriore step limitante per l'attività catalitica della telomerasi. Ciononostante un'attività catalitica così bassa non dovrebbe sorprendere, poichè l'estensione di ciascun telomero di ~65 nt, da parte di un singolo enzima hTERT, durante ogni divisione cellulare, risulta comunque sufficiente per il mantenimento di una lunghezza adeguata dei tratti telomerici. In altre parole, non esiste una pressione selettiva per migliorare un enzima inefficiente se la sua capacità catalitica risulta comunque sufficiente per svolgere la sua funzione [70].

4 Regolazione del gene *htert*:

Il gene che codifica per htert si trova sul cromosoma 5, dalla base 1.253.147 alla base 1.295.069 (GRCh38) e si estende per 41.922 bp. La sua regolazione è un fenomeno molto fine e complesso **(Figura 21)**, che prevede l'intervento sia di meccanismi epigenetici che di fattori di trascrizione [3,4,19,20]:

- La repressione della trasrizione è principalmente dovuta allo stato condensato del tratto cromatinico in cui il gene si trova. Tale condizione è resa possibile dall'assenza degli istoni acetilati (es. H3K9ac) e dalla presenza di molti istoni metilati (es. H3K27me3). Gli altri meccanismi molecolari principali che concorrono alla repressione del gene *htert* sono: Max/Mad1 (etero-dimero), E2F1, TGF β tramite azione sulle proteine (Snail, Smad3 e Sip1), WT1 (Wilm's tumor suppressor), MZF-2, BRCA1, CTCF, Sp3, USF (1 e 2), NFX1-91 e HDAC (istone deacetilasi).

- La promozione della trascrizione è invece principalmente dovuta alla presenza di istoni con code acetilate nel tratto cromatinico in cui si trova il gene. Questi provocano il rilassamento della cromatina che diventa accessibile ai vari fattori di trascrizione / Rna-polimerasi II. Gli altri meccanismi molecolari principali che concorrono all'espressione del gene *htert* sono: c-Myc/Max, estrogeni, Akt (serina treonina chinasi), Sp1, Trichostatina A (TSA), ETS-1, AP-1, p300, USF (1 e 2), Sp3 e p52, HAT (istone acetilasi).

Inoltre nell'uomo e nella maggior parte dei grandi mammiferi longevi (non nei roditori), il gene *tert* risulta essere molto vicino al telomero. Nell'uomo in particolare si verifica un loop cromatinico (vedi paragrafo 1.2) tra la sequenza telomerica del cromosoma 5p e l'ITS vicino al locus *clptm1l / tert*, che determina la repressione del gene *htert* quando i telomeri sono lunghi e la sua riattivazione quando i telomeri si accorciano con il progredire dell'età [22]. In questo modo il gene h*tert*, quando espresso, determina la sua stessa repressione allungando i telomeri, creando un meccanismo a feedback negativo con cui auto-regola i suoi stessi livelli di espressione nel nucleo della cellula.

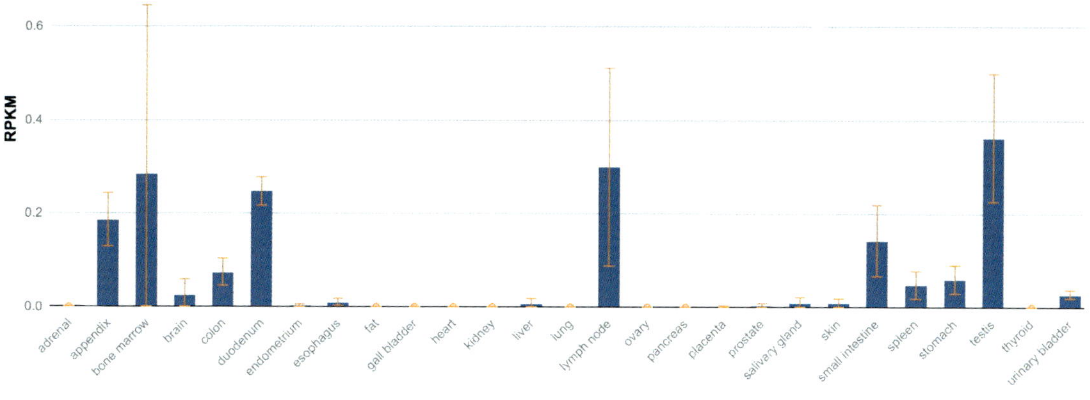

Figura 20: livelli di espressione dell'mRna di *htert* nei diversi tessuti [1].

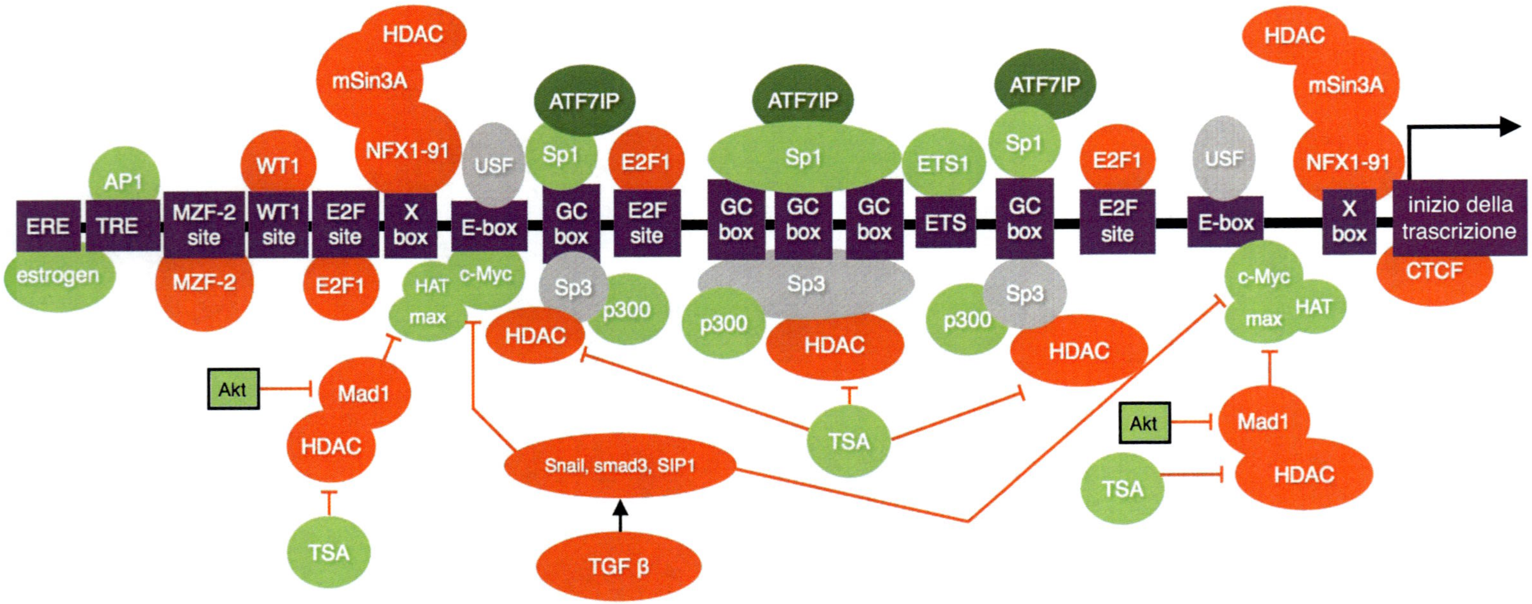

Figura 21: rappresentazione schematica del promotore di *htert* [3,4,19,20] e dei principali meccanismi per la sua regolazione nell'uomo. In verde sono indicati gli attivatori trascrizionali, in rosso i repressori ed in grigio i meccanismi la cui attività sul promotore di hTERT dipende dalle loro condizioni.

Nella seguente tabella sono stati riportati i meccanismi molecolari che, interagendo con il promotore di *htert*, concorrono alla trascrizione/repressione del gene [3,4,19,20,71].

Fattore	Meccanismo molecolare
fattori di trascrizione della famiglia Myc:	C-Myc riconosce e lega la sequenza 5'-CAC[G/A]TG-3' e la sua sovra-espressione aumenta l'attività della telomerasi elevando il livello di trascrizione di *htert*. La repressione del promotore di *htert,* tramite associazione con membri della famiglia Myc ad azione negativa su di esso, è stata riportata con l'etero-dimero Mad1/Max. Il complesso Mad1/Max si lega alle E-box e reprime la trascrizione di *htert* mentre il legame del complesso c-Myc/Max porta all'attivazione genica. Il complesso Mad1/Max sostituisce c-Myc/Max alle E-box ultimata la differenziazione cellulare. Ulteriori studi hanno scoperto che Akt, una serina/treonina chinasi, legandosi a Mad1, fosforila Ser-145 di Mad1, sopprimendo la sua interazione con le E-box bersaglio. Un passaggio dinamico tra c-Myc e Mad1 per formare il complesso etero-dimerico con Max potrebbe essere un meccanismo per controllare il livello di trascrizione *htert* in diverse linee cellulari.
E2F1:	Riconosce e lega la sequenza 5'-TTTC[C/G]CGC-3'. La sovra-espressione di E2F1 nelle cellule ha ridotto il livello dell'mRNA di *htert* di circa quattro volte, ma la sovra-espressione di c-Myc inibisce l'attività di E2F1. La proteina agisce ostacolando il legame di altri fattori di trascrizione alle sequenze adiacenti, che altrimenti attiverebbero il gene.
Sp1:	il legame di Sp1 ai GC box del promotore di *htert* è essenziale, ma non sufficiente, per la trascrizione di *htert*. Mutazioni dei box portano ad una progressiva perdita di affinità del promotore per Sp1, e come conseguenza ad una repressione del gene hTERT. L'isoforma 3 è un attivatore più potente dell'isoforma 1. La trascrizione è mantenuta attiva dal complesso Sp1-ATF7IP
WT-1:	Riconosce e lega la sequenza di DNA 5'-GCG(T/G)GGGCG-3', reprimendo la trascrizione di *htert*.
AP-1:	riconosce e lega il motivo eptamerico 5'-TGA [C/G] TCA-3' sul promotore di *htert*, promuovendo la trascrizione del gene.
Acetilazione e deacetilazione dell'istone:	c-Myc recluta HAT's (histone acetilasi) sul promotore di *htert* attivando la trascrizione. Mad1 invece antagonizza l'azione di c-Myc, reprimendo la trascrizione del gene, sia legando le E-box che reclutando HDAC's (istone deacetilasi) sul promotore di *htert*. La trichostatina A (TSA), un inibitore delle classi deacetilasi di istoni I e II (HDAC), aumenta la trascrizione di *htert* nelle cellule.
NFX1-91:	si lega sul promotore di *htert* alla sequenza X-box, che si sovrappone leggermente alla sequenza E-box adiacente, bloccando il reclutamento del complesso c-Myc/Mad1 su quest'ultima e reprimendo indirettamente la trascrizione di *htert*. Inoltre NFX1-91 interagisce con le proteine mSin3A e HDAC, formando un complesso che reprime direttamente la trascrizione del gene mantenendo la cromatina in uno stato deacetilato.

<table>
<tr><th>Fattore</th><th>Meccanismo molecolare</th></tr>
<tr><td>Sp3:</td><td>Compete con Sp1 per legarsi ai GC box. Può essere acetilata dall'istone acetil-transferasi p300 o deacetilato dalle HDACs. Gli stati di acetilazione/ deacetilazione regolano la sua attività trascrizionale. L'acetilazione di Sp3 attiva la trascrizione di htert. Mutazioni nella catena ammino-acidica di Sp3 possono modificarne l'affinità con le proteine HDACs:

- una mutazione "K → Q" in posizione 551 nella catena amminoacidica porta ad una ridotta interazione con HDAC1 e ad una conseguente maggiore acetilazione di Sp3. Si verifica un aumento di circa il 4,5% dell'attività del promotore di htert, una diminuzione del reclutamento di HDAC1 ed un aumento del legame dell' RNA polimerasi II con il DNA del promotore.

- una mutazione "K → R" nella stessa posizione porta ad una maggiore interazione con HDAC1 e conseguente deacetilazione di Sp3. Si registra circa il 50% di diminuzione dell'attività del promotore di htert. Migliora il reclutamento di HDAC1 ed inibisce il legame di RNA polimerasi II con il promotore del DNA.</td></tr>
<tr><td>Segnalazione TGF-β:</td><td>TGF-β reprime la trascrizione del gene htert nella cellula agendo su tre target:

- <u>Snail</u>, se up-regolata in risposta all'induzione del TGF-β interagisce con due E-box nel promotore di htert competendo con c-Myc. La trascrizione del gene htert risulterà quindi nel complesso repressa.

- <u>SIP1</u> (fattore di trascrizione a dita di zinco), una volta attivato dal TGF-β reprime la trascrizione di htert.

- <u>Smad3</u>, membro della famiglia Smad, anch'egli bersaglio di TGF-β, reprime la trascrizione di htert tramite un percorso indipendente da c-Myc.</td></tr>
<tr><td>Estrogeni:</td><td>Ormoni steroidei che promuovono la trascrizione di htert. L'inibizione del recettore degli estrogeni ESR1 espresso sulla membrana nucleare o una mutazione dell'elemento di risposta agli estrogeni (ERE) sul promotore di htert provoca un'inibizione della trascrizione del gene nelle cellule tumorali e porta all'apoptosi di queste.</td></tr>
<tr><td>BRCA1:</td><td>è una fosfoproteina nucleare che svolge un ruolo attivo nel mantenimento della stabilità genomica e agisce anche come soppressore tumorale. La proteina codificata si combina con altri soppressori del tumore, sensori di danno del DNA e trasduttori di segnale per formare un grande complesso di proteine multi-subunità noto come complesso di sorveglianza del genoma associato a BRCA1 (BASC). Questo si associa alla RNA polimerasi II e, attraverso il dominio C-terminale, interagisce anche con i complessi di istone deacetilasi, reclutandole sul promotore di htert.</td></tr>
<tr><td>Metilazione del dna:</td><td>La sequenza genomica intorno al promotore di htert è molto ricca di GC. La metilazione di due isole CpG vicino al promotore, situate rispettivamente -900 bp e -4000 bp a monte del codone ATG, è stata riportata come associata ad una minore espressione di htert.</td></tr>
</table>

Fattore	Meccanismo molecolare
CTCF:	è una proteina che presenta 11 domini zinc-finger altamente conservati. In questo caso lega il primo esone di *htert*, funzionando sia da isolatore trascrizionale (impedendo alla Rna polimerasi reclutata di avanzare) sia da reclutatore di HDAC's. Nel complesso quindi CTCF risulta essere un repressore trascrizionale di *htert*.
USF (1 e 2):	sono proteine che nelle cellule somatiche umane (*htert*-/-) normalmente funzionano come repressori trascrizionali basali di *htert*, legando avidamente le 2 sequenze E-box sul suo promotore e sequestrandole dal legame con c-Myc/Max. In cellule che invece esprimono costituzionalmente *htert* (*htert* +/+ o +/-), USF 1 e 2 attivano ulteriormente la trascrizione di *htert* interagendo con la chinasi p38-MAP e/o con l'acetilasi istonica p300.
HOXC5	interferisce con le interazioni a lunga distanza tra il promotore di *htert* e gli enancher distanti da esso, promuovendo il reclutamento delle proteine PBX4 e MEIS3 sul promotore di *htert* e reprimendone la trascrizione.

Tabella 3: principali meccanismi per la regolazione della trascrizione di *htert*. In rosso sono evidenziate le proteine inibitrici della trascrizione, in verde quelle attivatrici ed in grigio i meccanismi la cui attività sul promotore di *htert* dipende dalle loro condizioni.

5 Regolazione del gene hTR:

Il gene *htr* codifica nell'uomo la porzione ribonucleica del complesso telomerasico. Esso si colloca sul cromosoma 3 ed è costituito da 545 bp, ma la sua trascrizione inizia dalla 95° base, gli elementi precedenti servono esclusivamente per la regolazione della trascrizione del gene. La trascrizione di *htr* è promossa da Sp1 e HIF-1, viene invece repressa da Sp3. Inoltre, come per *htert*, la trascrizione di *htr* sembra essere soggetta a controllo epigenetico poiché la repressione dell'espressione di *htr* è associata a livelli ridotti di acetilazione degli istoni H3 e H4. Almeno 6 siti sull'Rna di *htr* sono soggetti a modificazione post-trascrizionale tramite pseudouridilazione. Due di questi siti si trovano in un dominio altamente conservato, essenziale per l'attività catalitica della telomerasi [4].

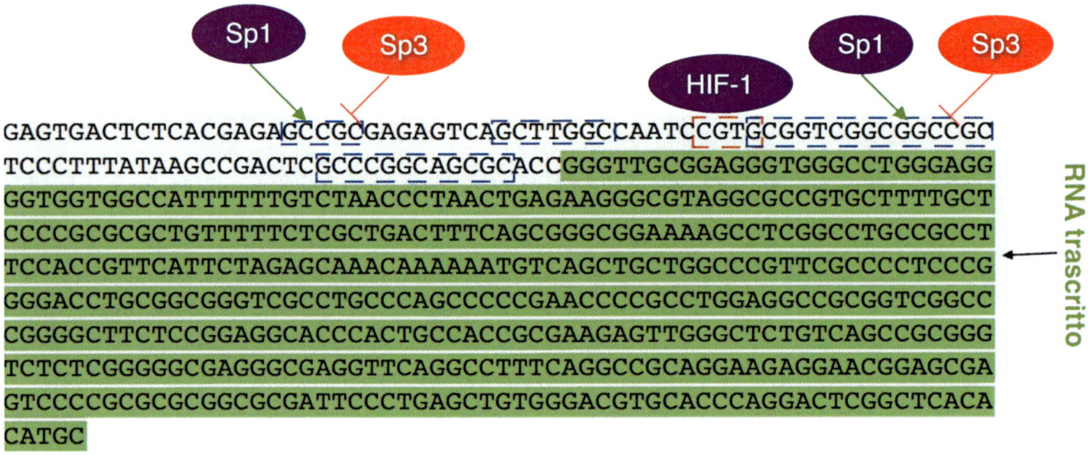

Figura 22: sequenza del gene umano che codifica per *htr*, la componente ribonucleica fondamentale per l'attività catalitica della telomerasi. La porzione di sequenza evidenziata in verde rappresenta l'mRna trascritto. In blu sono indicati i fattori di trascrizione che promuovono l'espressione del gene, mentre in rosso quelli che la inibiscono. Nella sequenza sono riquadrati in blu i siti di legame per Sp3 e Sp1, mentre in rosso quello per HIF-1. Si nota come Sp1 e Sp3 sono in competizione per lo stesso sito di legame e quindi le concentrazioni relative dei due fattori di trascrizione all'interno della cellula determinano una repressione/trascrizione del gene.

I domini principali di *htr* sono:

- Pseudoknot/Template: necessari rispettivamente per il legame al motivo RID1 nel dominio TEN di hTERT e per l'attività catalitica di quest'ultima.
- CR4/CR5: necessario per il legame al motivo RID2 nel dominio TRBD di hTERT.
- ScaRNA: necessario per l'associazione iniziale, mediata da TCAB1, di TERT al TR e per guidare la pseudo-uridilazione mediata dalla Ψ pseudo-uridina sintasi Cbf5.

Di seguito è stata rappresentata ed analizzata la struttura secondaria matura assunta dal trascritto di *htr* per la sua corretta interazione con hTERT e l'esplicazione della sua funzione:

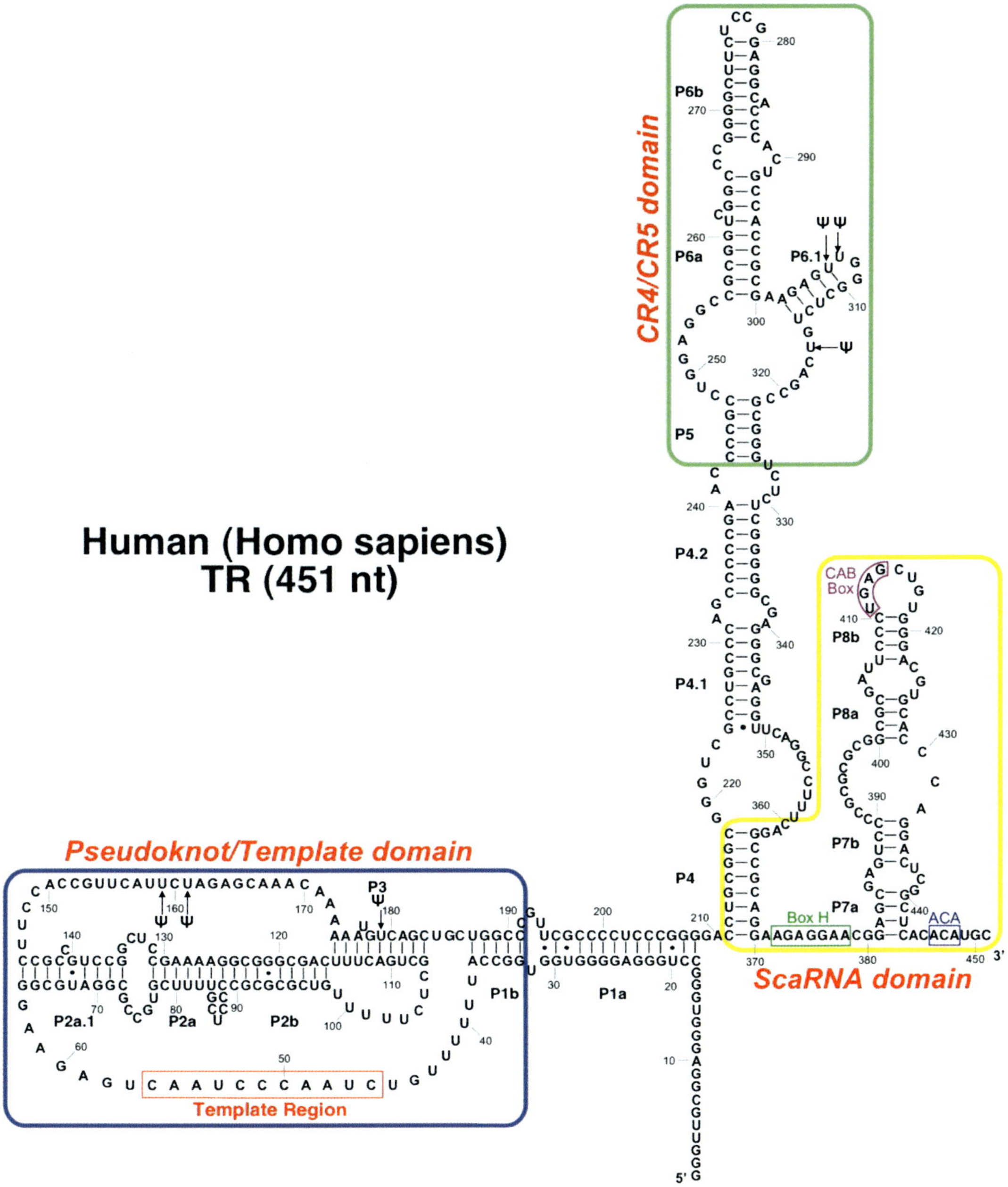

Figura 23: struttura secondaria matura assunta dal trascritto del gene *htr* per la sua interazione con il complesso proteico hTERT, sono stati evidenziati i 3 principali domini strutturali: CR4/CR5, Pseudoknot e ScaRNA oltre che i siti di pseudouridilazione indicati con il simbolo Ψ [18,90].

6 Regolazione epigenetica dell'attività di hTERT:

L'attività della telomerasi può essere controllata anche da alcuni meccanismi epigenetici, che regolano la trascrizione di uno più componenti del complesso finale compattando o rendendo più lassa la cromatina in determinati loci. Ad esempio la repressione delle DNA-metil-transferasi, riduce lo stato iper-metilato del promotore di *htert*, consentendo l'accesso all'RNA polimerasi II per la trascrizione del gene. Oltre a questo gli elementi LINE-1 (elementi nucleari intervallati lunghi-1), lunghe sequenze di RNA ricche di ripetizioni di natura intronica o inter-genica (junk), promuovono uno stato più lasso della cromatina e svolgono un ruolo importante nella struttura cromosomica e nella regolazione della trascrizione genica. I LINE-1 diventano inattivi alla fine dello sviluppo embrionale nel cervello e durante le prime fasi dello sviluppo negli altri tessuti. Inoltre essi possono essere riattivati nell'età adulta in cellule tumorali e nel tessuto cerebrale durante le malattie neuro-degenerative [59].

7 Trascrizione della telomerasi e cancro:

Nelle cellule somatiche umane i geni hTERT e hTR risultano perlopiù essere mantenuti inattivi, mentre si riscontra la loro attiva trascrizione nelle cellule staminali embrionali ed in quelle tumorali, che presentano un alto tasso di divisioni cellulari. Una teoria diffusa è che se da un lato dei telomeri molto lunghi, allungati ad esempio attraverso l'azione di hTERT, proteggono le estremità cromosomiche dal fenomeno della senescenza replicativa, permettendo alla singola cellula una maggiore sopravvivenza, dall'altro lato questa maggiore sopravvivenza della cellula ne permette un numero superiore di divisioni cellulari, consentendo di conseguenza l'accumulo di mutazioni (dovute a ROS, errori nella replicazione etc.) all'interno del genoma, che possono mediare la trasformazione tumorale. Le cellule tumorali richiedono infatti l'accumulo di molte mutazioni spontanee per potersi sviluppare e divenire maligne, e ciascuna di queste mutazioni si verifica all'incirca ogni 20-40 divisioni della cellula. Nelle specie longeve come l'uomo le cellule pre-maligne di solito si scontrano con la barriera della senescenza replicativa prima di accumulare un numero sufficiente di mutazioni per diventare delle neoplasie maligne. Un adulto umano contiene circa 10^{12} cellule che si moltiplicano rapidamente e durante una vita di 80 anni (~ 30.000 giorni) ogni persona fa e scarta ogni giorno un numero enorme di cellule dal midollo osseo, dalla pelle e dal tratto gastrointestinale. I meccanismi per minimizzare il danno genomico a seguito di mutazioni, come la senescenza replicativa, risultano quindi essenziali per la sopravvivenza delle grandi specie longeve, agendo da freno nello sviluppo dei tumori. Un passo fondamentale nello sviluppo del cancro riguarda quindi l'up-regolazione o la riattivazione della telomerasi per superare il limite della senescenza replicativa, e circa l'85-90% di tutte le biopsie tumorali risultano positive alla telomerasi [5].

8 Splicing del pre-mRna di hTERT:

Il gene hTERT si estende su 42kb e contiene 16 esoni e 15 introni, mentre l'intera lunghezza del suo mRNA finale è di circa 4kb [7]. Un fattore critico nella regolazione dell'attività di hTERT risulta essere il tipo di isoforma tradotta. Sono state riportate oltre 20 isoforme dell'enzima hTERT, di cui le 4 principali sono [6]:

- **Isoforma 1:** anche detta "canonica" poichè riconosciuta come la più completa ed efficiente, possiede un totale di 1132 a.a. ed è l'isoforma derivante dal comune processo di splicing

- **Isoforma 2:** differisce dalla "canonica" per la mutazione della sequenza amminoacidica nelle posizioni da 764 a 807 e per la mancanza del tratto da a.a. 808 ad a.a. 1132.

- **Isoforma 3:** è l'isoforma meno efficiente, manca del tratto da a.a. 885 ad a.a. 947 rispetto alla "canonica". Questa isoforma è prodotta a livelli molto bassi nella cellula

- **Isoforma 4:** questa isoforma differisce dalla "canonica" per la mancanza dei tratti da a.a. 711 ad a.a. 722 e da a.a. 808 ad a.a. 1132, oltre che per la mutazione della sequenza amminoacidica nelle posizioni da 764 a 807.

Le isoforme di hTERT dovute al solo processo di splicing alternativo del pre-mRna sono prodotte dalle diverse combinazioni di delezione dei 3 siti esonici α,β e γ; generando fino a sette isoforme diverse di hTERT: l'α-delezione, la β-delezione, la γ-delezione, la αβ-delezione, la αγ-delezione, la βγ-delezione e la αβγ delezione [7].

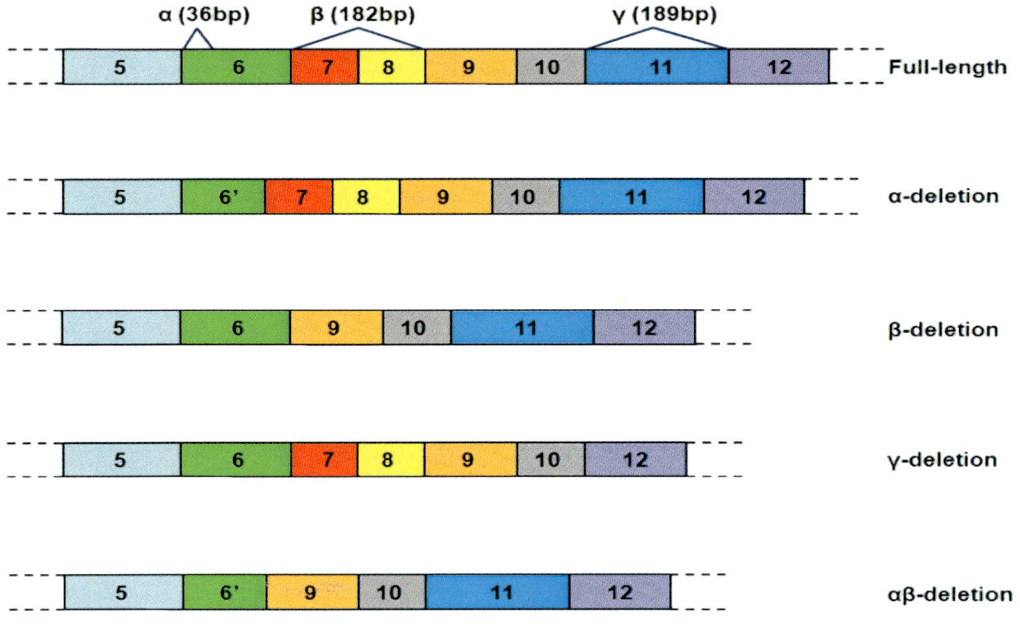

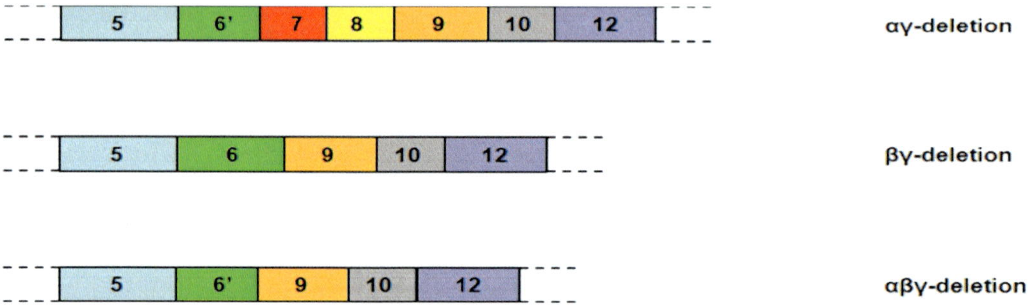

Figura 24: rappresentazione della struttura esonica nelle 7 isoforme dovute a splicing alternativo dell'mRna di hTERT confrontate con la forma canonica (full lenght). I numeri da 5 a 12 indicano gli esoni dal 5 al 12 nel pre-mRNA di hTERT [7].

Di seguito è riportata una tabella che specifica le caratteristiche di ognuna delle 7 isoforme di hTERT prodotte dallo splicing alternativo [7]:

variante mrna di hTERT	attività catalitica dell'isoforma prodotta	Tessuto specificità	Funzione
"canonica"	si	no	promozione dell'attività dell'enzima
α-delezione	no	si	inibizione dell'attività dell'enzima
β-delezione	no	si	inibizione dell'attività dell'enzima ma protezione dall'apoptosi
γ-delezione	no	si	inibizione dell'attività dell'enzima
αβ-delezione	no	si	non chiarita
αγ delezione	no	non chiarita	non chiarita
βγ delezione	no	non chiarita	non chiarita
αβγ delezione	no	non chiarita	non chiarita

Tabella 4: Caratterizzazione delle 7 isoforme della telomerasi derivanti da splicing alternativo.

9 Regolazione post-traduzionale:

La regolazione post-traduzionale di hTERT avviene principalmente attraverso la fosforilazione reversibile di specifici residui di Tyr e Ser nella sub-unità catalitica o attraverso ubiquitinazione/sumoilazione del complesso proteico [8,47].

- **Repressione della telomerasi:**

- **c-Abl:** è una tirosina chinasi nucleare che in condizioni di stress ossidativo si lega, attraverso il suo dominio SH3, alla regione ricca di prolina della sequenza ammino-acidica di hTERT (308-PSTSRPPRP-316), fosforilando uno specifico residuo di tirosina (Y-707) della catena. Questa fosforilazione induce la traslocazione di hTERT dal nucleo al citoplasma, reprimendo di conseguenza l'attività della telomerasi [6,32].

- **DYRK2:** è una chinasi che durante la fase G2/M del ciclo cellulare fosforila il residuo S-457 di hTERT, promuovendo l'ubiquitinazione della proteina da parte del complesso EDVP e la sua successiva degradazione [6].

- **PP2A:** è una fosfatasi citoplasmatica che reprime l'attività di hTERT, causando [6,8]:

- la defosforilazione del residuo S-227 di hTERT, impedendone la localizzazione nucleare.

- la defosforilazione di specifici residui S-473 e T-308 della chinasi PKB, abolendo l'effetto attivatore di quest'ultima su hTERT.

L'effetto su hTERT di PP2A è bloccato dall'inibitore di quest'ultimo, l'acido okadaico.

- **CHIP:** è una E3 ubiquitina ligasi che interagisce con la forma prematura di hTERT nel citoplasma sia inibendone il trasporto nucleare mediato da PLK1, che successivamente ubiquitinandola attraverso il proprio dominio U-box e promuovendone in questo modo la degradazione da parte del proteasoma. L'interazione tra CHIP e hTERT raggiunge il suo picco durante fase G2/M, mentre diminuisce durante la fase S, suggerendo che la degradazione di hTERT mediata da CHIP è regolata dal ciclo cellulare ed è esercitata quando la telomerasi non agisce sui telomeri [47].

- **MDM2:** è una E3 ubiquitina ligasi che interagisce direttamente con hTERT nel nucleo, ubiquitinandola e determinandone quindi la degradazione da parte del proteasoma [47].

- **UBE2D3:** è una E2 ubiquitina ligasi nucleare che agisce in sinergia con la proteina MDM2 nell'ubiquitinazione di hTERT. Entrambe le proteine risultano essere anche coinvolte nell'ubiquitinazione della proteina p53 [47].

- **MKRN1:** è un'altra E3 ubiquitina ligasi che interagisce direttamente con hTERT nel nucleo della cellula, ubiquitinandola e determinandone la degradazione da parte del proteasoma [47].

- **Attivazione della telomerasi:**

- **PLK1:** è una chinasi che interagisce direttamente con hTERT nel citoplasma della cellula promuovendone la traslocazione nel nucleo e contemporaneamente prevenendo la sua ubiquitinazione da parte delle E3 ubiquitina ligasi come MKRN1 e MDM2. Inoltre PLK1 fosforilando la proteina PINX1, repressore di hTERT legato a TRF1 sul telomero, ne determina l'ubiquitinazione da parte delle E3 ubiquitina ligasi e la successiva degradazione da parte del proteasoma, permettendo il reclutamento di hTERT sul telomero. Infine PLK1 fosforilando direttamente la proteina TNKS1, ne aumenta la stabilità e l'attività nei confronti di TRF1. TNKS1 aggiunge catene di poli-ADP-ribosio (PAR) a TRF1, causandone la dissociazione dal telomero e la successiva degradazione mediata dalle E3 ubiquitina ligasi FBX4; fornendo alla telomerasi accesso al telomero [47].

- **PKB (o Akt):** è una chinasi che promuove la localizzazione nucleare di hTERT fosforilandola a S-227 e potenziandone l'attività. PKB viene attivata a sua volta mediante la sua fosforilazione in due siti: S-473 e T-308. La proteina HSP90 (heath shock protein 90), associata anche ad hTERT in vivo, impedisce la defosforilazione dei residui precedenti di PKB, e di conseguenza l'inattivazione di quest'ultima da parte di PP2A; mantenendo attiva l'attività telomerasica [6,8].

- **PKC:** è una chinasi che fosforila hTERT nel residuo S-227, rendendo possibile il suo legame al traslocatore nucleare per l'importazione della telomerasi nel nucleo [6,8].

L'inositolo esafosfato (IP6) reprime l'attività della telomerasi attraverso l'inibizione sia di PKB che di PKC-α.

10 Trasporto:

Quando le modifiche post-traduzionali vengono ultimate hTERT viene trasportata dal citoplasma al nucleo, dove si trovano la stragrande maggioranza di hTR nonché di p23 e Hsp90 (componenti del complesso della telomerasi in vivo), una volta li viene assemblato il complesso telomerasico.

Nel citoplasma hTERT interagisce direttamente con il complesso proteico formato dalle proteine NFkB e p65, che mediano e regolano la sua traslocazione dentro il nucleo. TNF-α attiva ulteriormente il complesso NFkB-p65 provocando un aumento della traslocazione di hTERT dal citoplasma al nucleo. Nel nucleoplasma le isoforme θ e ζ delle proteine di segnalazione 14-3-3 legano la proteina hTERT vicino al NES-like motifs, promuovendone la localizzazione nucleare. Esse infatti causano un ingombro sterico che non consente al macchinario di esportazione nucleare (CRM1/exportina-1) di legarsi al NES-like motifs di hTERT, trattenendola nel nucleo [15]. Successivamente nel nucleoplasma hTERT interagisce con la proteina hPinX1, associata per quasi tutto il ciclo cellulare alla proteina del complesso Shelterin TRF1. hPinX1 oltre ad inibire direttamente l'attività della telomerasi assemblata quando la cellula non si trova nella fase S del ciclo cellulare, legandosi al dominio RT di hTERT mediante il suo dominio TID media la traslocazione ed il mantenimento di hTERT, appena sintetizzato e non ancora associato al TR, all'interno del nucleolo, dove la sua funzione è tenuta in sospeso fino al segnale di divisione cellulare [8,39]. Durante la fase S del ciclo cellulare viene invece attivata la nucleolina, una proteina del nucleolo che associandosi con hTERT ne facilita l'esportazione dal nucleolo al nucleoplasma; si suppone che la nucleolina inoltre mantenga la telomerasi nel nucleoplasma [8]. hTR invece, durante la maggior parte del ciclo cellulare, è presente all'interno del nucleo nei corpi di Cajal. Queste strutture sub-nucleari sono siti generali dell'assemblaggio di RNP e della modifica dell'RNA.

11 Assemblaggio del complesso TERT-TR:

L'assemblaggio del complesso telomerasico umano avviene in pochi passaggi, che implicano anzitutto la stabilizzazione di hTR e successivamente la sua associazione con la proteina hTERT. In vitro hTR e hTERT sono necessari e sufficienti per ottenere l'attività catalitica della telomerasi, invece in vivo esse devono essere stabilizzate da ulteriori proteine **(Figura 25)**. L'assemblaggio del complesso è un processo a stadi che ha luogo durante la fase S del ciclo cellulare. Il complesso assemblato viene poi disassemblato durante la fase M.

Di seguito viene riportata la successione di eventi per l'assemblaggio del complesso:

1. Ad hTR si legano tre proteine: NOP10, NHP2 e GAR1. NOP10 permette l'associazione di Cbf5 al TR, costituendo il core del complesso hTR.

2. hTR viene pseudo-uridilato dalla Ψ pseudo-uridina sintasi Cbf5 (anche conosciuta come diskerina), che si lega al dominio ACA / H box di hTR. Questa modifica è essenziale per l'assemblaggio e la stabilità del TR [37,38].

3. Avviene l'associazione di alcune proteine ad hTERT (La, Staufen, L22 e hnRNPC1/C2, TEP1, p23 e Hsp90) che consentono la stabilizzazione della struttura finale.

4. Quando hTERT e hTR sono entrambe stabilizzate e legate alle proteine ausiliarie, si possono associare tra loro. La loro associazione iniziale è mediata dalla proteina

TCAB1 (telomerasi e Cajal body protein1) che interagisce con la dyskerina e lega in contemporanea il motivo CAB box, situato nel dominio ScaRNA di hTR, permettendo l'associazione iniziale di hTERT con l'hTR contenuto nei corpi di Cajal (strutture sub-nucleari prive di membrana). Sono necessarie due regioni di hTR per il suo legame con hTERT: il motivo Pseudoknot (nucleotidi da 33 a 191) e il motivo CR4/CR5 (nucleotidi da 243 a 326).

Quando l'assemblaggio della telomerasi è terminato, è necessaria l'associazione della proteina hnRNPA1 con hTR per l'accesso del complesso ai telomeri. hnRNPA1 può legarsi simultaneamente ad hTR ed al DNA telomerico e quindi funge da potenziale collegamento tra l'enzima telomerasi ed i telomeri [8].

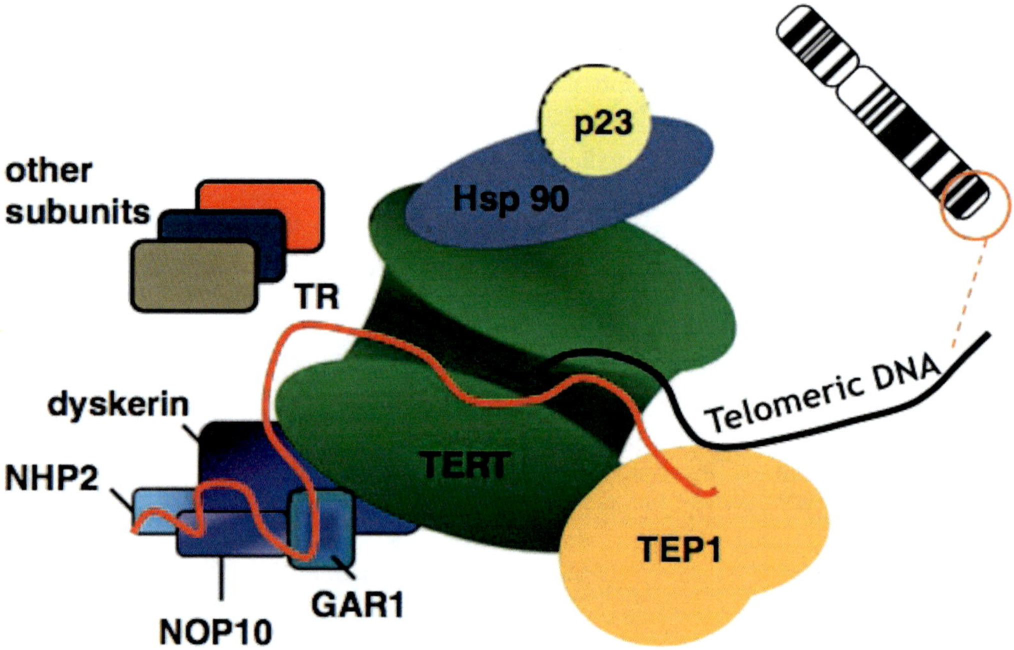

Figura 25: Complesso umano della telomerasi, hTR: porzione ribonucleica della telomerasi umana; hTERT: porzione proteica della telomerasi umana; Hsp90: heat shock protein 90; P23: proteina associata ad Hsp90; TEP1: proteina 1 associata alla telomerasi; diskerina; NHP2; NOP10; GAR1 [8].

Nella seguente tabella sono riassunti i principali fattori di regolazione post-traduzionale che influenzano l'attività di hTERT:

Fosforilazione:	**Ubiquitinazione:**	**Trasporto:**	**Assemblaggio del complesso:**
Akt		proteine di segnalazione 14-3-3	hnRNPA1
Estrogeni[a]		NF-kB/p65	TCAB1

Fosforilazione:	Ubiquitinazione:	Trasporto:	Assemblaggio del complesso:
Insulin-like growth factor I (IGF1)[a]	CHIP	Shp-2	POT1
Interleukina 2 (IL-2) e 6 (IL-6)[a]	MDM2	Nucleolina	TPP1
PKC (isoforme: α, β, δ, ε, ζ)	UBE2D3	hPinX1	TRF1
Radiazioni UV e ionizzanti[a]	MKRN1	H_2O_2[a]	TRF2
Acido Okadaiko[a]	EDVP		Ku
PLK1			hRAP1[a]
Abl			
PP2A			
DYRK2			
Acido Gambogico[a]			
IP6 (inositolo esafosfato)[a]			

Tabella 5: fattori di regolazione post-traduzionale di hTERT, le celle verdi e rosse rappresentano rispettivamente gli attivatori ed i repressori post-traduzionali. Il simbolo [a] indica un'azione indiretta dell'agente chimico/fisico su hTERT [14].

12 Repressione dell'espressione di hTERT da parte dei miRNA:

Nella seguente tabella sono riportati i micro-RNA che regolano, in maniera sia diretta che indiretta, l'espressione dell'enzima hTERT nell'uomo:

miRNA	mRNA bersaglio	localizzazione cromosomica:
miR-615-3p	TERT	dalla base 54.033.950 alla base 54.034.045 [+] cromosoma 12
miR-532	TERT	dalla base 50.003.148 alla base 50.003.238 [+], cromosoma X
miR-3064	TERT	dalla base 64.500.774 alla base 64.500.839 [-], cromosoma 17
miR-512-5p (iso-forme 1 e 2)	TERT	iso-forma 1: dalla base 53.666.679 alla base 53.666.762 [+], cromosoma 19 iso-forma 2: dalla base 53.669.157 alla base 53.669.254 [+], cromosoma 19
miR-21	PTEN (proteina che inibisce il pathway mediato da ERK1/2)	dalla base 59.841.266 alla base 59.841.337 [+], cromosoma 17

miRNA	mRNA bersaglio	localizzazione cromosomica:
miR-342	TERT; TCF7; PAX5; MSI1	dalla base 100.109.655 alla base 100.109.753 [+], cromosoma 14
miR-19b (iso-forme 1 e 2)	PITX1 (reprime la trascrizione di hTERT)	iso-forma 1: dalla base 91.351.192 alla base 91.351.278 [+], cromosoma 13 iso-forma 2: dalla base 134.169.671 alla base 134.169.766 [-], cromosoma X
miR-133a (iso-forme 1 e 2)	TERT	iso-forma 1: dalla base 21.825.698 alla base 21.825.785 [-], cromosoma 18 iso-forma 2: dalla base 62.564.912 alla base 62.565.013 [+], cromosoma 20
miR-202	Mxd1 (riduce il legame di c-Myc al promotore di hTERT)	dalla base 133.247.511 alla base 133.247.620 [-], cromosoma 10
miR-491	TERT; TCF7; PAX5; MSI1	dalla base 20.716.105 alla base 20.716.188 [+], cromosoma 9
miR-541	TERT; TCF7; PAX5; MSI1	dalla base 101.064.495 alla base 101.064.578 [+], cromosoma 14
miR-103 (iso-forme a-1, a-2, b-1, b-2)	AKAP12 (proteina che reprimendo l'attività della chinasi PKC-α, riduce la fosforilazione di hTERT, e di conseguenza anche la sua attività e localizzazione nucleare.	iso-forma a-1: dalla base 168.560.896 alla base 168.560.973 [-], cromosoma 5 iso-forma a-2: dalla base 3.917.494 alla base 3.917.571 [+], cromosoma 20 iso-forma b-1: dalla base 168.560.904 alla base 168.560.965 [+], cromosoma 5 iso-forma b-2: dalla base 3.917.502 alla base 3.917.563 [-], cromosoma 20
miR-138 (iso-forme 1 e 2)	TERT	iso-forma 1: dalla base 44.114.212 alla base 44.114.310 [+], cromosoma 3 iso-forma 2: dalla base 56.858.518 alla base 56.858.601 [+], cromosoma 16

miRNA	mRNA bersaglio	localizzazione cromosomica:
miR-375	14-3-3 (isoforma ζ)	dalla base 219.001.645 alla base 219.001.708 [-], cromosoma 2
miR-1182	TERT	dalla base 231.019.828 alla base 231.019.924 [-], cromosoma 1
miR-34a	c-Myc, FOXM1 (proteina che promuove la trans-attivazione di c-Myc)	dalla base 9.151.668 alla base 9.151.777 [-], cromosoma 1
miR-296-5p	TERT	dalla base 58.817.615 alla base 58.817.694 [-], cromosoma 20
miR-346	TERT	dalla base 86.264.694 alla base 86.264.788 [-], cromosoma 10
miR-155	TRF1	dalla base 25.573.980 alla base 25.574.044 [+], cromosoma 21
miR-380-5p	TEP1	dalla base 101.025.017 alla base 101.025.077 [+], cromosoma 14

Tabella 6: elenco dei micro RNA coinvolti direttamente o indirettamente nella regolazione dell'enzima hTERT. Le caselle colorate in rosso ed in verde rappresentano rispettivamente i miRNA che inibiscono e promuovono l'espressione della telomerasi nelle cellule umane [71, 72,73].

Inoltre BC032469 (un long non coding RNA), si appaia parzialmente a miR-1266 e a miR-1207-5p (due miRNA endogeni che reprimono la traduzione di hTERT) sequestrandoli, e promuovendo in questa maniera l'espressione della telomerasi [71].

13 Regolazione della telomerasi da parte dei TERRA:

Una delle caratteristiche principali dei telomeri è che sono etero-cromatinici, è stato quindi sorprendente rilevare le trascrizioni telomeriche denominate TERRA all'interno del nucleo della cellula. I TERRA sono lunghi RNA non codificanti, trascritti dalla RNA polimerasi II a partire principalmente dai loci sub-telomerici sul braccio q del cromosoma 20 (il principale) e sul braccio p del cromosoma X (in misura minore), di dimensioni che variano da 100/9000 nucleotidi nei mammiferi a 380 nucleotidi nel lievito [4,64]. La trascrizione nucleare dei TERRA diminuisce all'aumentare della lunghezza dei telomeri attraverso l'effetto di posizione (visto in precedenza) che essi esercitano su se stessi. Infatti telomeri più lunghi potranno reclutare su se stessi più istoni H3K9 tri-metilati e proteine HP1 rispetto a telomeri più corti, compattando maggiormente la cromatina telomerica e diminuendo la trascrizione dei TERRA all'interno del nucleo; pur trascrivendo TERRA più lunghi [59,60].

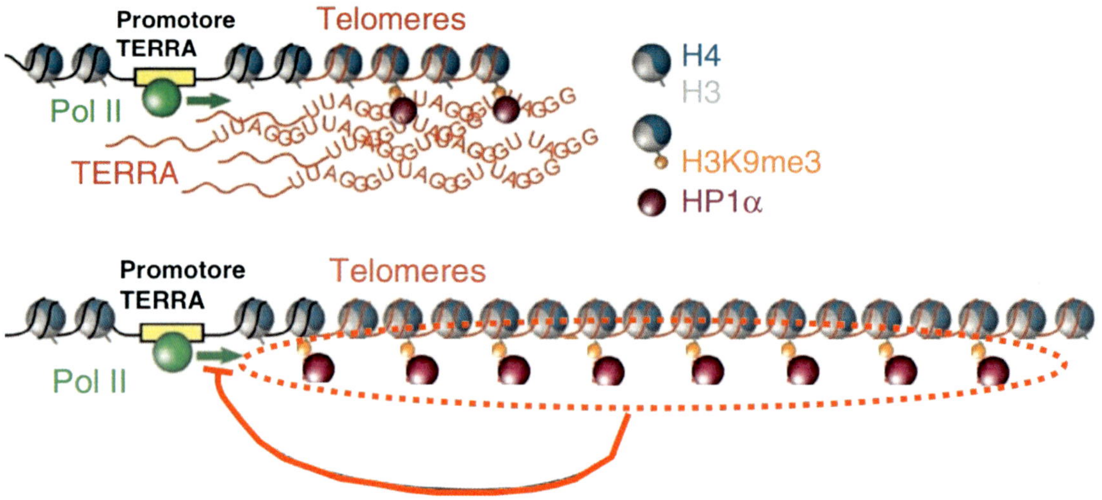

Figura 26: Modello proposto per la repressione della trascrizione dei TERRA TPE-dipendente [60].

Durante il ciclo cellulare la trascrizione dei TERRA aumenta durante la fase S avanzata, a causa della rimozione dei vecchi istoni durante la replicazione dei telomeri, per poi ridiminuire di nuovo nella fase G2-avanzata/G1 precoce, in seguito al recupero del pattern istonico trimetilato (H3K9me3) della cellula madre. Sulla regolazione trascrizionale dei TERRA non si sa ancora molto, sembra essere promossa dalle proteine Rad21, NRF1, PGC-1α e dai rimodellatori della cromatina ATRX e CTCF. Le proteine NRF1 e PGC-1α sono attivate a loro volta dalla proteina chinasi AMPK. La stimolazione dell'AMPK promuove infatti l'aumento dei livelli nucleari di TERRA [59,60,61,62,63]. I TERRA nel nucleo svolgono diverse funzioni:

- poiché complementari al dominio template di hTR, legandosi ad esso e sequestrandolo possono regolare negativamente l'attività di hTERT. Essi possono inoltre interagire con hTERT indipendentemente da hTR [4].

- interagiscono con numerose proteine leganti l'RNA. Una di queste è hnRNPA1, che riconosce e lega sia l'RNA che il DNA telomerico. Dopo la replicazione cromosomica, il filamento 3'-end sul telomero è inizialmente legato da RPA, che però viene subito sostituita da hnRPA1. Successivamente hnRNPA1 viene rimossa dal DNA telomerico attraverso la sua interazione con i TERRA, consentendo ai componenti POT1 / TPP1 del complesso Shelterin di legarsi ai telomeri [4]. Inoltre hnRNPA1 è in grado di legare e sequestrare i TERRA, annullando il loro effetto repressorio sull'attività di hTERT [59].

- potrebbero promuovere una risposta anti-ossidante contro l'azione esercitata dalle specie reattive dell'ossigeno (ROS) sui telomeri. Essi potrebbero infatti competere con il filamento telomerico 3'-end, possedendo come quest'ultimo un'elevato contenuto di G, per la conversione, indotta da ROS, della guanosina in 8-Oxo-2'-deossi-guanosina, proteggendo i telomeri veri e propri dall'ossidazione (vedere il paragrafo 20 di questo libro) [59].

- potrebbero avere un ruolo chiave nella regolazione della natura etero-cromatinica dei telomeri dipendente dal ciclo cellulare, reprimendo il reclutamento sui telomeri degli enzimi modificatori della cromatina (come SUV39H1) e delle proteine HP1-α necessari a promuovere la natura etero-cromatinica di questi. Secondo questo modello le molecole di TERRA, trascritte in abbondanza durante la fase S avanzata del ciclo cellulare, sequestrando le proteine necessarie all'etero-cromatizzazione del DNA telomerico, ne impediscono il reclutamento sui telomeri, prevenendo quindi l'etero-cromatizzazione dei tratti telomerici. La successiva repressione della trascrizione dei TERRA nella fase G2-avanzata/G1 precoce annulla l'effetto precedente, promuovendo l'etero-cromatizzazione dei tratti telomerici.

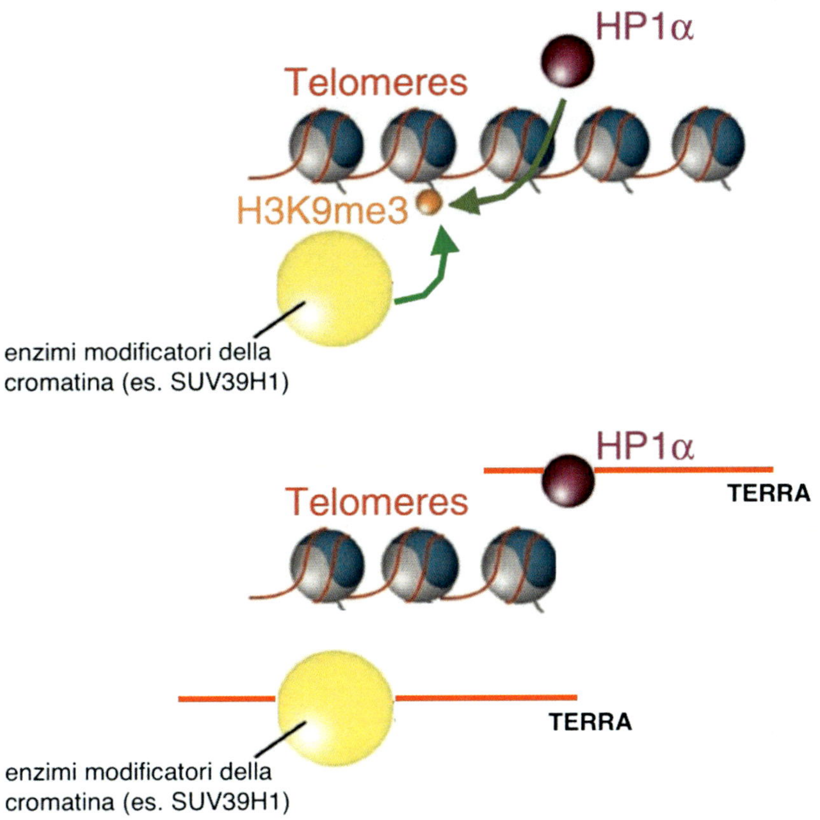

Figura 27: modello proposto per la regolazione, dipendente dal ciclo cellulare, della natura etero-cromatinica dei telomeri. I TERRA legandosi alle proteine che promuovono la natura etero-cromatinica dei telomeri, ne impediscono il legame alle sequenze telomeriche vere e proprie, prevenendo l'iper-etero-cromatizzazione della cromatina in questi ultimi [60].

14 Inibitori della telomerasi disponibili:

- **BIBR 1532:**

BIBR1532 è un inibitore sintetico non nucleosidico altamente specifico per hTERT, mostra un tipo di inibizione non competitiva di tipo misto [9].

Figura 28: struttura molecolare di BIBR 1532 [10].

BIBR1532 si lega ad hTERT in una tasca idrofobica conservata (motivo FVYL) sulla superficie esterna del dominio del pollice. Il motivo FVYL è vicino a residui TRBD che legano il dominio di attivazione (CR4 / 5) di hTR [10].

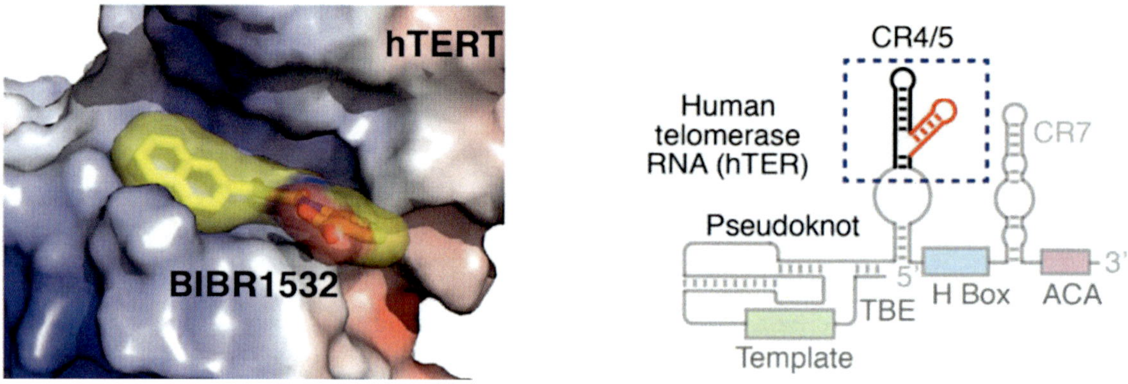

Figura 29: A) Rappresentazione della superficie elettrostatica di hTERT che mostra BIBR1532 legato alla tasca FVYL. **B)** Schema dell' RNA hTR con in evidenza i motivi conservati. Il motivo CR4 / 5 è evidenziato con una scatola tratteggiata blu [10].

BIBR1532 non blocca i passaggi catalitici di base coinvolti nella copiatura del template di RNA, ma altera l'allungamento del DNA dopo la sua estensione al 5'-end, riducendo complessivamente il numero di ripetizioni TTAGGG aggiunte (la periodicità di sei nucleotidi rimane conservata). Pertanto BIBR1532 può influenzare la traslocazione del complesso DNA/enzima favorendo la sua dissociazione al completamento della copiatura del template. Poiché questi passaggi sono esclusivi della telomerasi, ciò spiega l'elevata selettività del composto. BIBR1532 riduce più di 2 volte l'affinità per i dNTP. Viceversa, il legame dei deossi-ribonucleotidi diminuisce l'affinità dell'enzima per BIBR1532. Questo avviene poichè il sito di legame del farmaco ed il sito di legame dei deossi-ribonucleotidi sono in stretta prossimità o si sovrappongono, creando quindi un'interferenza reciproca di tipo sterico per l'efficienza di legame [9].

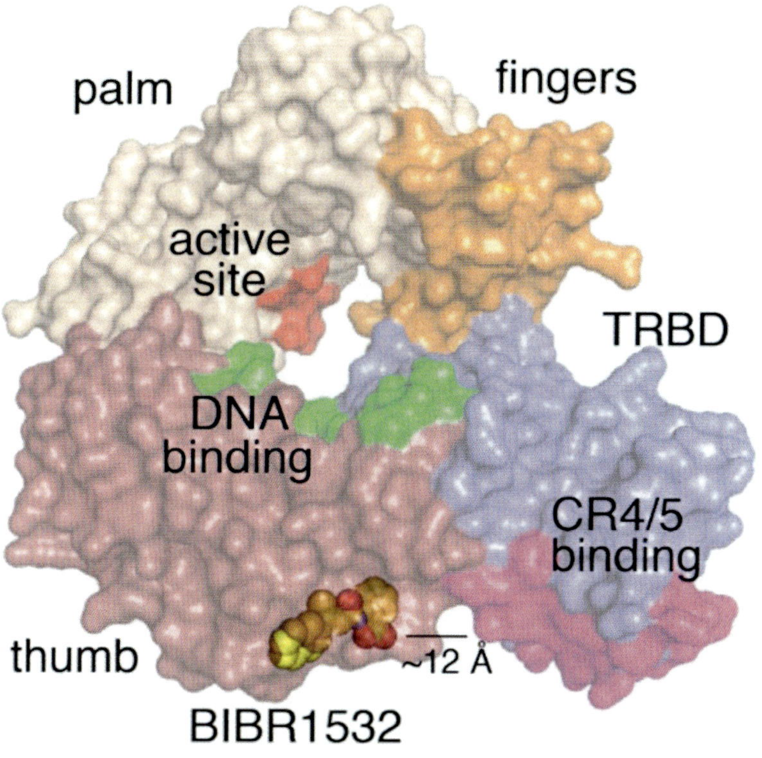

Figura 30: Rappresentazione della superficie di tcTERT [10] (TERT omologa ad hTERT nel Tribolium castaneum) che mostra il sito attivo in rosso, il sito di legame del DNA del pollice in verde ed il sito di legame TRBD CR4 / 5 in magenta. BIBR1532 è rappresentato dalle sfere gialle [10].

- **GRN163L (imetelstat):**

GRN163L è l'unico inibitore nucleosidico della telomerasi utilizzato nelle terapie cliniche, si tratta di un oligo-nucleotide lipidico a catena corta (acido palmitico - *[1-ammino-3-methoxy-propan-2-olo]* - 5'-TAGGGTTAGACAA-3') complementare alla regione template dell'hTR. L'associazione di GRN163L alla telomerasi assemblata, determina l'inibizione completa dell'attività catalitica dell'enzima [58].

15 Complesso Shelterin:

Una volta che il complesso della telomerasi risulta formato ed attivo, esso deve impegnare il terminus cromosomico. Le TBP (proteine leganti i telomeri) appartenenti al complesso di capping telomerico Shelterin agiscono in maniera duplice: mentre alcune controllano negativamente l'allungamento del DNA telomerico, impedendo sia il pathway ALT che l'accesso della telomerasi sul telomero, altre ne promuovono l'allungamento, reclutando la telomerasi sul telomero [33]. Tutte e 6 le proteine del complesso in ogni caso stabilizzano la struttura a t-loop del telomero, reprimendo inoltre la segnalazione del danno al DNA da parte delle chinasi ATM e ATR ed impedendo la riparazione da rottura del doppio filamento (DSB) alle estremità del cromosoma [8,45]. L'accorciamento progressivo dei telomeri nel corso delle generazioni determina ad un certo punto l'incapacità delle proteine del complesso Shelterin di associarsi ad essi; di conseguenza il t-loop non potrà formarsi con la stessa facilità e le estremità del cromosoma non saranno protette [16].

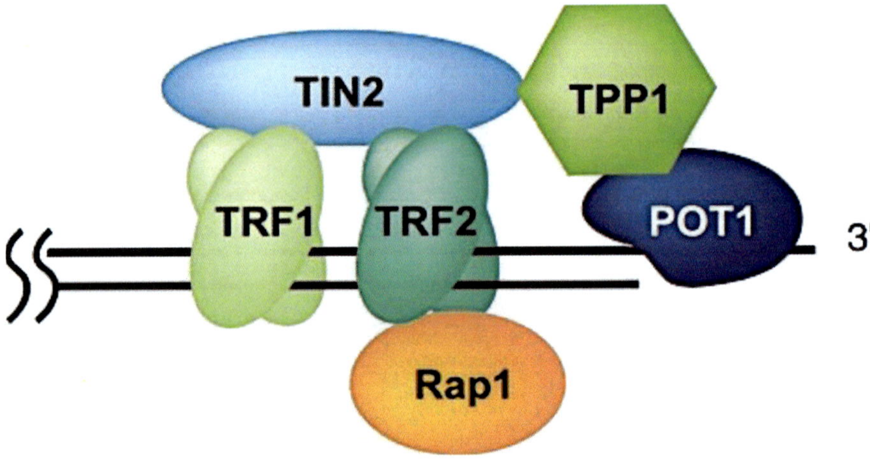

FIGURA 31: rappresentazione schematica del complesso shelterin nei vertebrati, le sei subunità sono (TRF1, TRF2, Rap1, TIN2, TPP1, POT1) [91].

Qui di seguito sono state analizzate le 6 proteine del complesso Shelterin, le loro funzioni ed i ruoli di ciascuna di esse nel reclutamento di hTERT sui telomeri:

I fattori di legame ripetitivo TTAGGG 1 e 2 (TRF1 e TRF2) sono le principali proteine responsabili del controllo di feedback negativo di TERT nei mammiferi:

- **TRF1:** facilita la replicazione dei telomeri e promuove la formazione dei corpi PML associati all'ALT (APBs) sui telomeri, essenziali per il mantenimento dei telomeri nelle cellule ALT-positive. Inoltre questa proteina reprime in maniera diretta l'interazione tra hTERT ed i telomeri, formando dei complessi stabili con le proteine TANK 1 e 2, TIN2, PINX1 [8,47].

PINX1 in particolare inibisce hTERT legandola a livello della sua sub-unità catalitica attraverso il proprio dominio inibitorio della telomerasi (TID). La sovra-espressione di PinX1 o di proteine presentanti il dominio TID inibisce l'attività della telomerasi e promuove l'accorciamento dei telomeri mentre l'esaurimento di PinX1 endogeno risulta avere l'effetto opposto [17].

Di seguito è riportata ed analizzata la sequenza amminoacidica "canonica" di hTRF1:

```
1   MAEDVSSAAPSPRGCADGRDADPTEEQMAETERNDEEQFECQELLECQVQVGAPEEEEEE
61  EEDAGLVAEAEAVAAGWMLDFLCLSLCRAFRDGRSEDFRRTRNSAEAIIHGLSSLTACQL
121 RTIYICQFLTRIAAGKTLDAQFENDERITPLESALMIWGSIEKEHDKLHEEIQNLIKIQA
181 IAVCMENGNFKEAEEVFERIFGDPNSHMPFKSKLLMIISQKDTFHSFFQHFSYNHMMEKI
241 KSYVNYVLSEKSSTFLMKAAAKVVESKRTRTITSQDKPSGNDVEMETEANLDTRKSVSDK
301 QSAVTESSEGTVSLLRSHKNLFLSKLQHGTQQQDLNKKERRVGTPQSTKKKKESRRATES
361 RIPVSKSQPVTPEKHRARKRQAWLWEEDKNLRSGVRKYGEGNWSKILLHYKFNNRTSVML
421 KDRWRTMKKLKLISSDSED
```

FIGURA 32: sequenza amminoacidica di hTRF1: la sequenza evidenziata su sfondo rosso media il legame al dsDNA telomerico (dominio HTH), quella su sfondo verde media la dimerizzazione di hTRF1 con hTIN2 e PINX1 (dominio TRFH) e quella su sfondo giallo media la localizzazione nucleare di hTRF1. La prima metionina barrata viene eliminata ed il residuo di alanina adiacente, evidenziato su sfondo azzurro, viene acetilato, subito dopo la traduzione, mentre i residui evidenziati su sfondo nero rappresentano due serine fosforilate post-traduzionalmente, di cui Ser-219 fosforilata da parte della chinasi ATM in seguito a danno al DNA. I residui di lisina, indicati in grassetto nero, mediano l'ubiquitinazione/sumoilazione della proteina. Inoltre la ADP-ribosilazione da parte delle proteine TNKS1 o TNKS2 diminuisce l'abilità di TRF1 di legare il DNA telomerico. Infine la porzione di sequenza sottolineata e scritta in blu, rappresenta un dominio di interazione con la proteina RLIM, la quale promuove l'ubiquitinazione e la successiva degradazione di TRF1 [34].

- **TRF2:** è coinvolta nella formazione e stabilizzazione della struttura a T-loop telomerica, inibisce la fusione end-to-end dei filamenti (c-NHEJ, una via di riparazione del DNA che promuove il legame delle estremità del DNA rotte), promuove il mantenimento del ssDNA telomerico al 3' reclutando la proteina "Apollo" ed interferisce con la segnalazione di danno al DNA promossa dalla chinasi ATM in 3 modi:

- legando e sequestrando ATM (repressione diretta)

- impedendo il legame del complesso MRN ad ATM e quindi la sua attivazione

- reprimendo CHK2, la chinasi fosforilata da ATM che da inizio alla via di segnalazione (repressione indiretta).

Infine TRF2 reprime in maniera indiretta l'interazione tra hTERT ed i telomeri reclutando la proteina hRAP1, prevenendo allo stesso tempo il reclutamento di RNF168 e 53BP1 [8,47].

Di seguito è riportata ed analizzata la sequenza amminoacidica "canonica" di hTRF2:

```
1   MAAGAGTAGPASGPGVVRDPAASQPRKRPGREGGEGARRSDTMAGGGGSSDGSGRAAGRR
61  ASRSSGRARRGRHEPGLGGPAERGAGEARLEEAVNRWVLKFYFHEALRAFRGSRYGDFRQ
121 IRDIMQALLVRPLGKEHTVSRLLRVMQCLSRIEEGENLDCSFDMEAELTPLESAINVLEM
181 IKTEFTLTEAVVESSRKLVKEAAVIICIKNKEFEKASKILKKHMSKDPTTQKLRNDLLNI
241 IREKNLAHPVIQNFSYETFQQKMLRFLESHLDDAEPYLLTMAKKALKSESAASSTGKEDK
301 QPAPGPVEKPPREPARQLRNPPTTIGMMTLKAAFKTLSGAQDSEAAFAKLDQKDLVLPTQ
361 ALPASPALKNKRPRKDENESSAPADGEGGSELQPKNKRMTISRLVLEEDSQSTEPSAGLN
421 SSQEAASAPPSKPTVLNQPLPGEKNPKVPKGKWNSSNGVEEKETWVEEDELFQVQAAPDE
481 DSTTNITKKQKWTVEESEWVKAGVQKYGEGNWAAISKNYPFVNRTAVMIKDRWRTMKRLG
541 MN
```

FIGURA 33: sequenza amminoacidica di hTRF2: la sequenza evidenziata su sfondo rosso media il legame al dsDNA telomerico (dominio HTH), quella su sfondo verde media la dimerizzazione di hTRF2 con la proteina accessoria del complesso Shelterin "Apollo", e non con hTIN2, come avviene in hTRF1 (dominio TRFH). La sequenza su sfondo giallo media la localizzazione nucleare di hTRF2. I residui su sfondo nero rappresentano i siti fosforilabili post-traduzionalmente all'interno della sequenza: la treonina viene fosforilata dalla chinasi ATM in seguito a danno al DNA, impedendo il legame di hTRF2 al DNA telomerico; la serina fosforilata consente invece il legame di TRF2 con RAP1. I residui evidenziati su sfondo rosa rappresentano due arginine metilate post-traduzionalmente dalla proteina PRMT1, questa metilazione potrebbe controllare l'associazione di TRF2 con i telomeri. Infine, i residui di lisina, sottolineati ed indicati in nero, mediano l'ubiquitinazione/sumoilazione della proteina [35].

- **Rap1:** reprime il pathway ALT inibendo il processo di scambio/escissione, dipendente da ricombinazione omologa, del DNA telomerico e previene l'accorciamento dei telomeri in assenza di telomerasi. Inoltre RAP1 sembra essere in grado di fornire un meccanismo di riserva per l'inibizione della fusione end-to-end dei filamenti telomerici, mediata dal meccansimo c-NHEJ, quando la funzione di TRF2 è compromessa. Questa proteina può anche regolare positivamente la lunghezza dei telomeri in vivo, formando un complesso oltre che con TRF2 anche con altre proteine di riparazione del DNA tra cui [8,47]:

- Rad50

- Mre11

- PARP1 (poli (ADP-ribosio) polimerasi)

- Ku86 (o Ku80) / Ku70

In particolare l'etero-dimero Ku80/Ku70 è un regolatore diretto della telomerasi ed è coinvolto nella via della riparazione del DNA. Le proteine Ku interagiscono direttamente con hTR (con una regione di 47 basi al 3'-end di hTR), promuovendo l'allungamento del telomero in due modi [8]:

- reclutando hTR alle estremità dei cromosomi
- stabilizzando i complessi hTR/hTERT una volta che si posizionano alle estremità cromosomiche.

Inoltre il reclutamento mediato da hRap1 di Ku70, promuove il modello di allungamento alternativo dei telomeri T-SCE diseguali (visto in precedenza) nelle cellule ALT-positive. Pertanto, è stato proposto che hRap1, associandosi a TRF2, influenzi indirettamente l'allungamento dei telomeri mediante il reclutamento della proteina Ku sui telomeri [8,58].

Di seguito è riportata ed analizzata la sequenza amminoacidica "canonica" di hRap1:

```
1   MAEAMDLGKDPNGPTHSSTLFVRDDGSSMSFYVRPSPAKRRLSTLILHGGGTVCRVQEPGA
62  VLLAQPGEALAEASGDFISTQYILDCVERNERLELEAYRLGPASAADTGSEAKPGALAEGA
123 AEPEPQRHAGRIAFTDADDVAILTYVKENARSPSSVTGNALWKAMEKSSLTQHSWQSLKDR
184 YLKHLRGQEHKYLLGDAPVSPSSQKLKRKAEEDPEAADSGEPQNKRTPDLPEEEYVKEEIQ
245 ENEEAVKKMLVEATREFEEVVVDESPPDFEIHITMCDDDPPTPEEDSETQPDEEEEEEEK
306 VSQPEVGAAIKIIRQLMEKFNLDLSTVTQAFLKNSGELEATSAFLASGQRADGYPIWSRQD
367 DIDLQKDDEDTREALVKKFGAQNVARRIEFRKK
```

FIGURA 34: sequenza amminoacidica di hRAP1: la sequenza evidenziata su sfondo viola rappresenta il dominio BRCT, che media la dimerizzazione della proteina con TRF2 se quest'ultima è fosforilata a Ser-365, quella evidenziata su sfondo verde rappresenta il dominio Myb-like, necessario anch'esso all'associazione di RAP1 con TRF2, e quella evidenziata su sfondo giallo rappresenta il motivo che media la localizzazione nucleare della proteina. La prima metionina barrata viene eliminata ed il residuo di alanina adiacente, evidenziato su sfondo azzurro, viene acetilato, subito dopo la traduzione, mentre i residui di serina evidenziati su sfondo nero possono essere fosforilati post-traduzionalmente. Infine, i residui di lisina, sottolineati ed indicati in nero, mediano l'ubiquitinazione/sumoilazione della proteina [36].

- **TIN2:** Oltre a stabilizzare l'associazione tra le altre proteine del complesso (TRF1, TRF2 e TPP1/POT1), interagendo con tutte esse, questa proteina è capace di promuovere il reclutamento di hTERT sul filamento 3'-end telomerico, attraverso la sua associazione con essa [33].

Di seguito è riportata ed analizzata la sequenza amminoacidica "canonica" di hTIN2:

1 ~~M~~ATPLVAGPAALRFAAAASWQVVRGRCVEHFPRVLEFLRSLRAVAPGLVRYRHHERLCMG
61 LKAKVVVELILQGRPWAQVLKALNHHFPESGPIVRDPKATKQDLRKILEAQETFYQQVKQ
121 LSEAPVDLASKLQELEQEYGEPFLAAMEKLLFEYLCQLEKALPTPQAQQLQDVLSWMQPG
181 VSITSSLAWRQYGVDMGWLLPECSVTDSVNLAEPMEQNPPQQQRLALHNPLPKAKPGTHL
241 PQGPSSRTHPEPLAGRHFNLAPLGRRRVQSQWASTRGGHKERPTVMLFPFRNLGSPTQVI
301 SKPESKEEHAIYTADLAMGTRAASTGKSKSPCQTLGGRALKENPVDLPATEQKENCLDCY
361 MDPLRLSLLPPRARKPVCPPSLCSSVITIGDLVLDSDEEENGQGEGKESLENYQKTKFDT
421 LIPTLCEYLPPSGHGAIPVSSCDCRDSSRPL

FIGURA 35: sequenza amminoacidica di hTIN2: i residui evidenziati in grassetto rosso mediano la localizzazione nucleare della proteina, mentre quelli evidenziati in grigio mediano l'interazione tra TIN2 e TRF2. I residui evidenziati su sfondo giallo mediano l'interazione tra TIN2 ed TRF1, quelli evidenziati su sfondo verde mediano l'interazione tra TIN2 e TPP1 e quelli evidenziati su sfondo rosso rappresentano un cluster di amminoacidi che mediano, tra le altre cose, l'associazione di TIN2 con TERT. La prima metionina barrata viene eliminata ed il residuo di alanina adiacente, evidenziato su sfondo azzurro, viene acetilato, subito dopo la traduzione, mentre il residuo di serina, evidenziati su sfondo nero, può essere fosforilato in maniera post-traduzionale. I residui di lisina, sottolineati ed indicati in nero, mediano l'ubiquitinazione/sumoilazione della proteina [41].

- **TPP1:** questa proteina è capace di associarsi oltre che con TIN2 e POT1 anche con il sotto-dominio DAT, localizzato all'interno del dominio TEN di hTERT, promuovendo il reclutamento di questa a livello dei telomeri. Il residuo Gly-100 nella sequenza di hTERT risulta critico per questa associazione [40].

Di seguito è riportata ed analizzata la sequenza amminoacidica "canonica" di hTPP1:

1 MPGRCQSDAAMRVNGPASRAPAGWTSGSLHTGPRAGRPRAQARGVRGRGLLLRPRPAKEL
61 PLPRKGGAWAPAGNPGPLHPLGVAVGMAGSGRLVLRPWIRELILGSETPSSPRAGQLLEV
121 LQDAEAAVAGPSHAPDTSDVGATLLVSDGTHSVRCLVTREALDTSDWEEKEFGFRGTEGR
181 LLLLQDCGVHVQVAEGGAPAEFYLQVDRFSLLPTEQPRLRVPGCNQDLDVQKKLYDCLEE
241 HLSESTSSNAGLSLSQLLDEMREDQEHQGALVCLAESCLTLEGPCTAPPVTHWAASRCKA
301 TGEAVYTVPSSMLCISENDQLILSSLGPCQRTQGPELPPPDPALQDLSLTLIASPPSSPS
361 SSGTPALPGHMSSEESGTSISLLPALSLAAPDPGQRSSSQPSPAICSAPATLTPRSPHAS
421 RTPSSPLQSCTPSLSPRSHVPSPHQALVTRPQKPSLEFKEFVGLPCKNRPPFPRTGATRG
481 AQEPCSVWEPPKRHRDGSAFQYEYEPPCTSLCARVQAVRLPPQLMAWALHFLMDAQPGSE
541 PTPM

FIGURA 36: sequenza amminoacidica di hTPP1: il motivo evidenziato su sfondo rosso media l'interazione di TPP1 con POT1, quello evidenziato su sfondo azzurro media l'interazione di TPP1 con TIN2, mentre quello evidenziato su sfondo verde (dominio OB) media l'associazione tra TPP1 e TERT, in particolare risultano critici gli amminoacidi indicati in grassetto nero (TEL patch) per questa associazione e per la promozione dell'attività della telomerasi. I residui di serina evidenziati su sfondo nero possono essere fosforilati post-traduzionalmente, mentre quelli di lisina, sottolineati ed indicati in blu, mediano l'ubiquitinazione/sumoilazione della proteina [42,43,44].

- **POT1:** si lega sia a TPP1 che alla sequenza "TAGGGTTAG" (necessita quindi della presenza di almeno 2 ripetizioni telomeriche) sul ssDNA al 3'-end del telomero [50] e reprime l'attività della chinasi di segnalazione del danno al DNA ATR, inibendo il legame della proteina RPA, cruciale per l'attivazione di ATR, al ssDNA telomerico. Inoltre POT1 impedisce l'accesso della telomerasi al filamento 3'-end telomerico, impedendo l'allungamento di quest'ultimo [47].

Di seguito è riportata ed analizzata la sequenza amminoacidica "canonica" di hPOT1:

1 MSLVPATNYIYTPLNQLKGGTIVNVYGVVKFF**KPPYLSKGTDYCSVVT**IVDQTNVKLTCL
61 LFSGNYEALPIIYKNGDIVRFHRLKIQVYKKETQGITSSGFASLTFEGTLGAPIIPRTSS
121 KYFNFTTEDHKMVEALRVWASTHMSPSWTLLKLCDVQPMQYFDLTCQLLGKAEVDGASFL
181 LKVWDGTRTPFPSWRVLIQDLVLEGDLSHIHRLQNLTIDILVYDNHVHVARSLKVGSFLR
241 IY**S**LHTKLQSMNSENQTMLSLEFHLHGGT**SYGR**GIRVLPESNSDVDQLKKDLESANLTAN
301 QHSDVICQSEPDDSFPSSGSVSLYEVERCQQLSATILTDHQYLERTPLCAILKQKAPQQY
361 RIRAKLRSYKPRRLFQSVKLHCPKCHLLQEVPHEGDLDIIFQDGATKTPDVKLQNTSLYD
421 SKIWTTKNQKGRKVAVHFVKNNGILPLSNECLLLIEGGTLSEICKLSNKFNSVIPVRSGH
481 EDLELLDLSAPFLIQGTIHHYGCKQCSSLRSIQNLNSLVDKTSWIPSSVAEALGIVPLQY
541 VFVMTFTLDDGTGVLEAYLMDSDKFFQIPASEVLMDDDLQKSVDMIMDMFCPPGIKIDAY
601 PWLECFIKSYNVTNGTDNQICYQIFDTTVAEDVI

FIGURA 37: sequenza amminoacidica di hPOT1: i residui amminoacidici evidenziati su sfondo rosso mediano l'associazione di POT1 con TPP1 (in particolare quelli evidenziati in giallo mediano l'interazione diretta tra le due proteine), quelli evidenziati su sfondo rosa e verde rappresentano rispettivamente i domini OB1 e OB2, cioè i due siti di legame della proteina al ssDNA telomerico; all'interno di questi, gli amminoacidi in grassetto nero rappresentano i residui critici per questo legame. Infine la lisina evidenziata su sfondo blu rappresenta un sito di ubiquitinazione e i residui evidenziati su sfondo grigio i siti di fosforilazione post-traduzionale della proteina [48,49].

Nella seguente immagine vengono infine riassunte le principali funzioni ed interazioni delle proteine del complesso Shelterin:

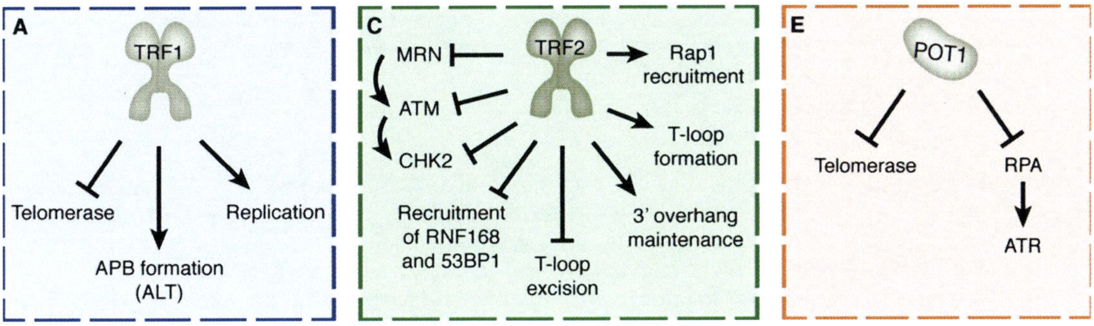

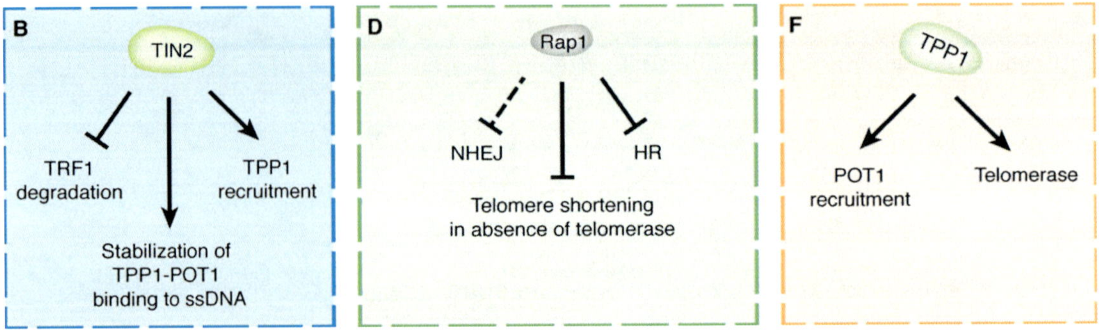

Figura 38: Componenti del complesso Shelterin e funzioni ad esse associate nella protezione dei tratti telomerici [47].

Sebbene il complesso Shelterin formi la principale struttura protettiva dei telomeri, molti altri fattori, riassunti qui di seguito, contribuiscono in modo critico all'integrità dei telomeri:

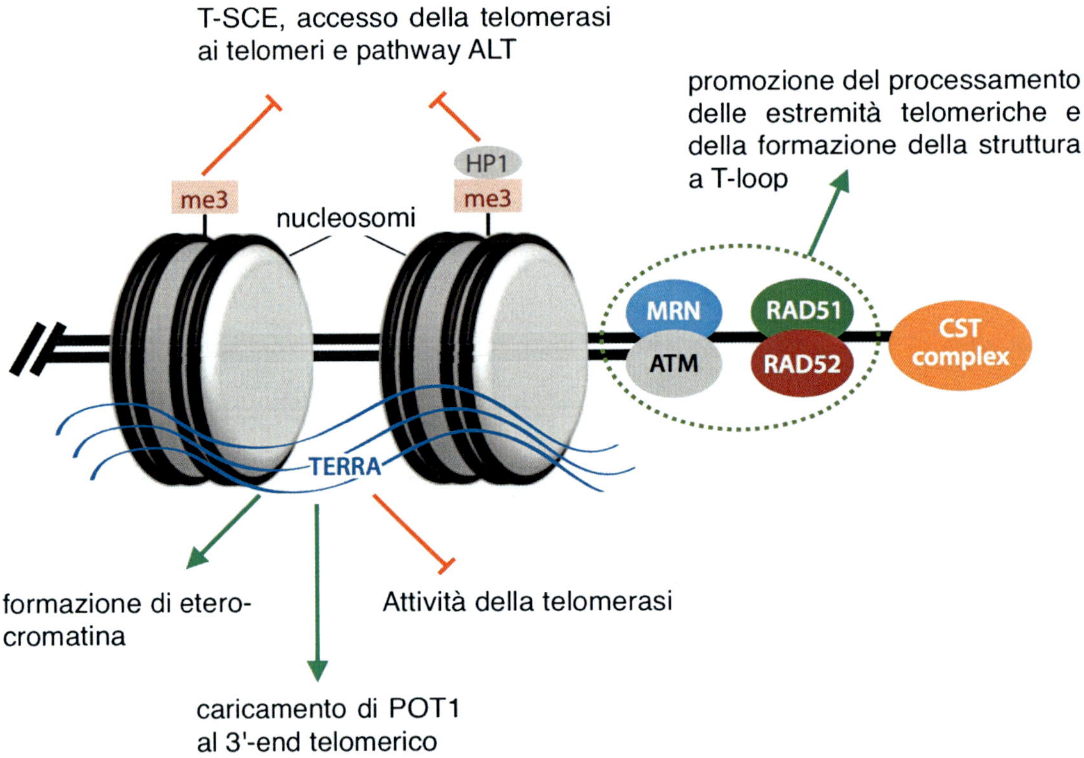

Figura 39: Meccanismi di protezione dei telomeri Shelterin-indipendenti. Per semplicità, questi meccanismi sono stati rappresentati in assenza del complesso Shelterin, sebbene questo ne influenzi l'attività. La tri-metilazione istonica H4K20 e H3K9, insieme al reclutamento della proteina HP1, riflette lo stato etero-cromatinico del telomero, che reprime la ricombinazione T-SCE, l'accesso della telomerasi ai telomeri ed il pathway ALT. Invece il complesso MRN, ATM e le proteine di risposta al danno/riparazione del DNA, agiscono dopo la fase S del ciclo cellulare per promuovere il processamento delle terminazioni telomeriche e la formazione della struttura t-loop [58].

16 Fattori di risposta al danno e di riparazione del DNA:

Curiosamente, sebbene una funzione importante dei telomeri sia quella di prevenire una risposta al danno del DNA che destabilizzi il cromosoma, il meccanismo di risposta al danno del DNA è comunque fondamentale per una corretta funzionalità dei telomeri. Infatti il complesso MRN (MRE11 / RAD50 / Nibrin) e la proteina ATM, insieme a numerose altre proteine di riparazione del DNA, vengono reclutati sui telomeri durante la fase G2 precoce, un punto del ciclo cellulare in cui i telomeri adottano transitoriamente una conformazione più aperta. Una volta reclutati, questi fattori di risposta al danno del DNA, cooperando con il complesso Shelterin, possono promuovere il processamento delle estremità telomeriche e la formazione della struttura a T-loop [58].

17 Telomeri e TERRA:

L'interruzione dell'equilibrio intra-cellulare dei livelli di TERRA trascritti, causa molteplici difetti telomerici, tra cui l'aumento delle estremità cromosomiche prive di telomeri. I TERRA regolano infatti il capping delle estremità telomeriche andando ad influenzare l'attività della ribo-nucleo-proteina nucleare hnRNPA1, che promuove la rimozione della proteina RPA ed il caricamento della proteina POT1, sulle estremità 3'-end telomeriche. In base a questo modello, durante l'inizio e a metà della fase S del ciclo cellulare, il DNA telomerico è più lasso e possono essere trascritti maggiori livelli di TERRA all'interno della cellula. I TERRA associandosi alla porzione ribonucleica della proteina hnRNPA1 reprimono la sua attività, impedendole di promuovere la rimozione della proteina RPA dalle estremità telomeriche. Durante la fase S tardiva invece, i livelli intra-nucleari di TERRA diminuiscono a causa del compattamento del DNA telomerico, cessando di reprimere hnRNPA1, che potrà quindi promuovere la rimozione di RPA dalle estremità telomeriche. La proteina hnRNPA1 associata al 3'-end telomerico verrà in seguito immediatamente sostituita da POT1, permettendo la formazione del capping telomerico. I TERRA inoltre possono agire come diretti inibitori della telomerasi e sono implicati nel mantenimento dello stato etero-cromatinico del telomero [58].

18 Complesso CST:

Il CST è un complesso trimerico (composto negli eucarioti superiori dalle proteine: CTC1, STN1 e TEN1) che lega e sequestra in modo specifico il ssDNA telomerico al 3'-end, dove agisce sia promuovendo il capping telomerico che impedendo l'allungamento dei telomeri. Inoltre CTC1, insieme a STN1, promuove il reclutamento della DNA polimerasi-α sulle estremità telomeriche, necessaria quest'ultima per l'allungamento del filamento ricco di C. Si pensa infine, vista la similarità strutturale tra il sotto-complesso proteico RPA14-RPA-32 della proteina RPA e quello STN1-TEN1 del CST, che quest'ultimo possieda alcune funzioni "extra-telomeriche", agendo in maniera simile ad una proteina di replicazione A (RPA). L'RPA è un complesso proteico etero-trimerico che, legandosi al ssDNA in maniera aspecifica, agisce in una vasta gamma di pathways metabolici del DNA, tra cui la sua replicazione e le risposte cellulari associate al danno di quest'ultimo. Sembra infatti che il complesso CST sia capace di risolvere le situazioni di stallo della forca replicativa durante le condizioni di stress di replicativo, non solo a livello del DNA telomerico, ma anche di quello non telomerico [65,66,67].

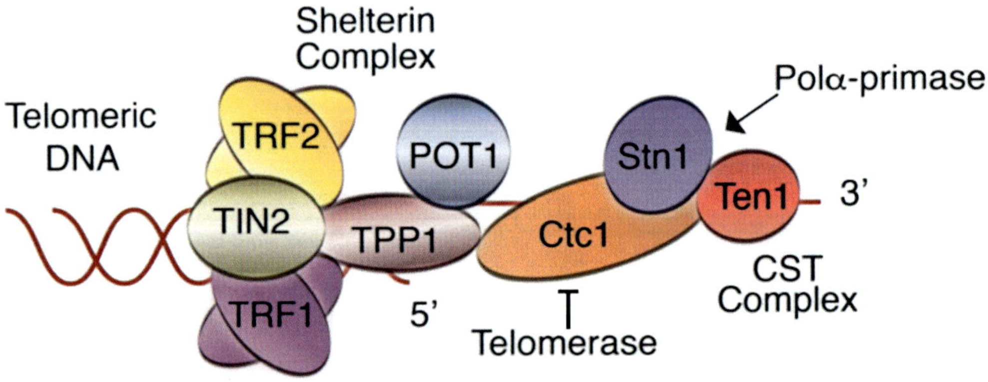

Figura 40: rappresentazione dei complessi Sheleterin e CST legati ai telomeri. E' stata evidenziata la duplice funzione svolta dal complesso CST: che reprime il reclutamento della telomerasi e promuove invece il reclutamento della DNA polimerasi-α sui telomeri [65].

Le proteine del complesso CST legano le estremità telomeriche tra la fase S avanzata e l'inizio della fase G2, consentendo alla telomerasi l'accesso al telomero solo durante il periodo di replicazione del DNA, e limitandone in questo modo l'attività. Nei vertebrati la presenza del complesso CST alle estremità dei telomeri non è indispensabile al loro mantenimento, poichè risultano sufficienti le proprietà di capping esercitate dal complesso Shelterin, tuttavia inducendo la delezione di una qualunque delle 3 proteine del complesso si osservano un progressivo uncapping ed un costante allungamento dei telomeri [65,66].

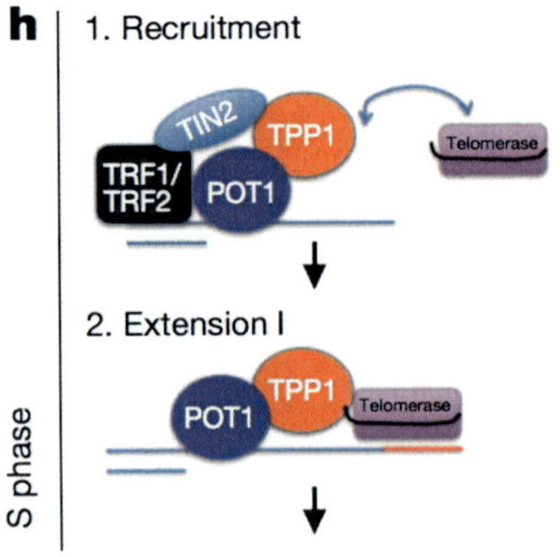

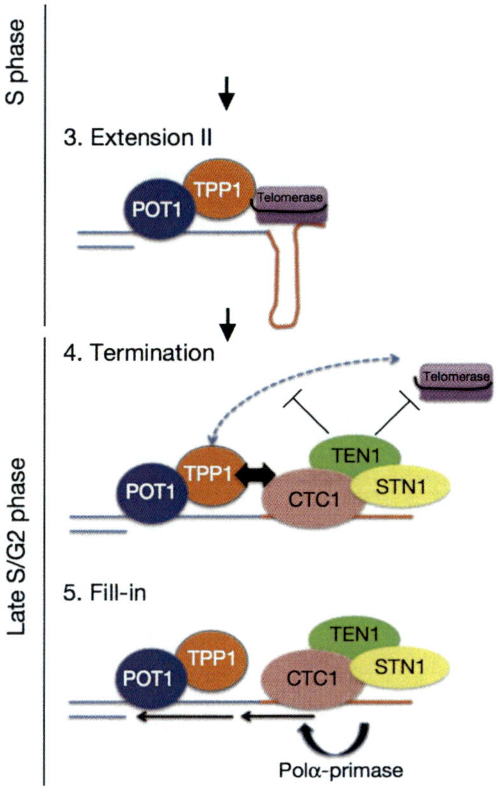

Figura 41: illustrazione del ruolo svolto dal complesso CST nella regolazione dell'attività della telomerasi. Durante la fase S del ciclo cellulare TPP1 recluta la telomerasi sul telomero, promuovendo l'allungamento del G-strand di quest'ultimo. Successivamente durante la fase S avanzata/G2, CST si lega al ssDNA 3'-end telomerico reprimendo l'accesso della telomerasi al telomero e promuovendo invece il reclutamento della DNA polimerasi-α sui telomeri; che medierà l'allungamento del C-strand telomerico [66].

Di seguito sono state analizzate nel dettaglio le funzioni delle 3 proteine appartenenti al complesso CST:

- **CTC1:** è il componente più grande del complesso ed è responsabile del legame tra il CST ed il ssDNA al 3'-end telomerico con grande affinità e specificità per quest'ultimo. CTC1 reprime il reclutamento della telomerasi sui telomeri:

- direttamente, sequestrando il filamento telomerico al 3'-end

- indirettamente, interagendo con la proteina TPP1 ed impedendogli il reclutamento della telomasi sui telomeri

Inoltre CTC1 promuove, agendo in sinergia con STN1, il reclutamento della DNA polimerasi-α sui telomeri; necessaria per l'allungamento del C-strand [65,66,67].

Di seguito è riportata ed analizzata la sequenza ammino-acidica "canonica" di hCTC1:

1 MAAGRAQVPSSEQAWLEDAQVFIQKTLCPAVKEPNVQLTPLVIDCVKTVWLSQGRNQGST

61 LPLSYSFVSVQDLKTHQRLPCCSHLSWSSSAYQAWAQEAGPNGNPLPREQLLLLGTLTDL

121 SADLEQECRNGSLYVRDNTGVLSCELIDLDLSWLGHLFLFPRWSYLPPARWNSSGEGHLE

181 LWDAPVPVFPLTISPGPVTPIPVLYP**ESASCLLRLRNKLRGVQRNLAGSLVRLSALVKSK**

241 **QKAYFILSLGRSHPAVTHVSIIVQVPAQLVWHRALRPGTAYVLTELRVSKI**RGQRQHVWM

301 TSQSSRLLLLK**PECVQELELELEGPLLEADPKPLPMPSNSEDKKDPESLVRYSRLLSYSG**

361 **AVTGVLNEPAGLYELDGQLGLCLAYQQFRGLRRVMRPGVCLQLQDVHLLQSVGGGTRRPV**

421 **LAPCLRGAVLLQSFSRQKPGAHSSRQAYGASLYEQLVWERQLGLPLYLWATKALEELACK**

481 **LCPHVLRHHQFLQHSSPGSPSLGLQLLAPTLDLLAPPGSPVRNAHNEILEEPHHCPLQKY**

541 **TRLQTPSSFPTLATLKEEGQRKAWASFDPKALLPLPEASYLPSCQLNRRLAWSWLCLLPS**

601 **AFCPAQVLLGVLVASSHKGCLQLRDQSGSLPCLLLAKHSQPLSDPRLIGCLVRAERFQLI**

661 **VERDVRSSFP**SWKELSMPGFIQKQQARVYVQFFLADALILPVPRPCLHSATPSTP**QTDPT**

721 **GPEGPHLGQSRLFLLCHKEALMKRNFCVPPGASPEVPKPALSFYVLGSWLGGTQRKEGTG**

781 **WGLPEPQGNDDNDQKVHLIFFGSSVRWFEFLHPGQVYRLIAPGPATPMLFEKDGSSCISR**

841 **RPLELAGCASCLTVQDNWTLELESSQDIQDVLDANKSLPE**SSLTDLLSDNFTDSLVSFSA

901 EILSRTLCEPLVASLWMKLGNTGAMRRCVKLTVALETAECEFPPHLDVYIEDPHLPPSLG

961 LLPGARVHFSQLEKRVSRSHNVYCCFRSSTY**VQVLSFPPETTISIPLPHIYLAELLQGGQ**

1021 **SPFQATASCHIVSVFSLQLFWVCAYCTSICRQGKCTRLGSTCPTQTAISQAIIRLLVEDG**

1081 **TAEAVVTCRNHHVAAALGLCPREWASLLDFVQVPGRVVLQFAGPGAQLESSA**RVDEPMTM

1141 **FLWTLCTSPSVLRPIVLSFELERKPSKIVPLEPPRLQRFQCGELPFLTHVNPRLRLSCLS**

1201 IRESEYSSSLGILASSC

FIGURA 42: sequenza amminoacidica di hCTC1: i residui evidenziati su sfondo azzurro rappresentano i siti ubiquitinabili, mentre quelli evidenziati su sfondo nero rappresentano i siti fosforilabili della proteina. La porzione di sequenza evidenziata in grassetto rosso rappresenta un dominio OB della proteina non coinvolto nel legame al DNA telomerico o nell'etero-dimerizzazione con le altre due componenti del complesso, ma che possiede un ruolo critico nella struttura e organizzazione dei domini della proteina, stabilizzando nel complesso CTC1. Le porzioni di sequenza evidenziate in grassetto blu rappresentano invece i domini OB1, OB2 ed OB3 della proteina, che ne mediano il legame al ssDNA al 3'-end telomerico. Infine la porzione di sequenza evidenziata in grassetto verde rappresenta il sito di legame di CTC1 con la DNA polimerasi-α, e quella evidenziata in grassetto grigio il sito di legame di CTC1 con l'etero-dimero STN1/TEN1 [65,68,69].

- **TEN1:** è la più piccola delle proteine del complesso, non lega direttamente il 3'-end telomerico ma si associa ad esso interagendo con gli altri due componenti del complesso CST. Non è ancora stato chiarito il suo ruolo ma sembra essere essenziale per il processo di capping del telomero, in quanto una sua delezione causa l'uncapping e disfunzionalità nei telomeri. Si pensa che TEN1 agisca come un ingombro sterico che impedisce l'accesso al 3'-end telomerico, legato da CTC1 ed STN1, ai meccanismi di allungamento del telomero (hTERT e ALT) [65,66,67].

Di seguito è riportata ed analizzata la sequenza ammino-acidica "canonica" di hTEN1:

```
1   MMLPKPGTYYLPWEVSAGQVPDGSTLRTFGRLCLYDMIQSRVTLMAQHGSDQHQVLVCTK
61  LVEPFHAQVGSLYIVLGELQHQQDRGSVVKARVLTCVEGMNLPLLEQAIREQRLYKQERG
121 GSQ
```

FIGURA 43: sequenza amminoacidica di hTEN1: la porzione di sequenza evidenziata in grassetto grigio è responsabile del legame di TEN1 con la proteina STN1. In particolare i residui evidenziati su sfondo rosso stabilizzano il dominio precedente, quelli evidenziati su sfondo giallo svolgono un ruolo importante nell'assemblaggio dell'etero-dimero STN1/TEN1 e quelli evidenziati su sfondo verde mediano l'interazione idrofobica tra TEN1 e STN1. Infine i residui evidenziati su sfondo viola mediano la formazione di ponti salini tra TEN1 e STN1 [74,75].

- **STN1:** lega il ssDNA in modo aspecifico ma con grande affinità, inoltre promuove, insieme a CTC1, il reclutamento della DNA polimerasi-α sui telomeri [65,66,67].

Di seguito è riportata ed analizzata la sequenza ammino-acidica "canonica" di hSTN1:

```
1   MQPGSSRCEEETPSLLWGLDPVFLAFAKLYIRDILDMKESRQVPGVFLYNGHPIKQVDVL
61  GTVIGVRERDAFYSYGVDDSTGVINCICWKKLNTESVSAAPSAARELSLTSQLKKLQETI
121 EQKTKIEIGDTIRVRGSIRTYREEREIHATTYYKVDDPVWNIQIARMLELPTIYRKVYDQ
181 PFHSSALEKEEALSNPGALDLPSLTSLLSEKAKEFLMENRVQSFYQQELEMVESLLSLAN
241 QPVIHSASSDQVNFKKDTTSKAIHSIFKNAIQLLQEKGLVFQKDDGFDNLYYVTREDKDL
301 HRKIHRIIQQDCQKPNHMEKGCHFLHILACARLSIRPGLSEAVLQQVLELLEDQSDIVST
361 MEHYYTAF
```

FIGURA 44: sequenza amminoacidica di hSTN1: I residui evidenziati in grassetto rosso mediano il legame di STN1 a CTC1, mentre quelli evidenziati in grassetto azzurro (domini wHTH1/2) mediano il legame aspecifico della proteina al ssDNA telomerico. I residui evidenziati su sfondo verde e su sfondo viola mediano rispettivamente l'interazione idrofobica e la formazione di ponti salini tra STN1 e TEN1. Infine i residui evidenziati su sfondo grigio e su sfondo nero possono essere rispettivamente ubiquitinati e fosforilati post-traduzionalmente [74,76,81].

19 Altre proteine che regolano l'allungamento dei telomeri:

Oltre a quelle già citate precedentemente, altre proteine influenzano positivamente o negativamente il mantenimento delle sequenze telomeriche ed il loro allungamento nelle cellule eucariotiche, regolando sia l'accesso della telomerasi su di essi, che gli eventi di ricombinazione omologa a cui essi possono andare incontro. Ad esempio sono state segnalate diverse proteine per la risoluzione delle strutture G-quadruplex (introdotte precedentemente nella sezione 1 di questo libro) e la corretta formazione della struttura T-loop. Tra queste le principali sono il complesso CST, POT1, RTEL1, WRN (Werner syndrome helicase) e BLM (Bloom syndrome protein). La proteina MOV10 invece, si associa sia al 3'-end del ssDNA telomerico che ad hTERT, promuovendo il reclutamento della telomerasi sui telomeri e l'allungamento vero e proprio di questi ultimi mediato da hTERT. MOV10 media quest'ultimo evento attraverso due modalità:

- separando la sequenza telomerica appena allungata (ad ogni sintesi di sei nucleotidi) dall'hTR della telomerasi, e permettendo in questo modo lo scorrimento di hTERT sull'estremità 3'-end neo-sintetizzata del telomero. Questo fenomeno permette alla telomerasi di continuare l'allungamento dei telomeri di un cromosoma senza bloccarsi.

- risolvendo le strutture secondarie assunte dal ssDNA al 3'-end telomerico che altrimenti impedirebbero il reclutamento della telomerasi sul singolo filamento telomerico al 3'-end.

MOV10 viene espresso principalmente nei tessuti umani ad alto tasso di divisione come i testicoli e le ovaie e sembra essere necessario per mantenere l'attività della telomerasi in questi tessuti [8,77].

Di seguito è riportata ed analizzata la sequenza ammino-acidica "canonica" di hMOV10:

1 MPSKFSCRQLREAGQCFESFLVVRGLDMETDRERLRTIYNRDFKISFGTPAPGFSSMLYG
61 MKIANLAYVTKTRVRFFRLDRWADVRFPEKRRMKLGSDISKHHKSLLAKIFYDRAEYLHG
121 KHGVDVEVQGPHEARDGQLLIRLDLNRKEVLTLRLRNGGTQSVTLTHLFPLCRTPQFAFY
181 NEDQELPCPLGPGECYELHVHCKTSFVGYFPATVLWELLGPGESGSEGAGTFYIARFLAA
241 VAHSPLAAQLKPMTPFKRTRITGNPVVTNRIEEGERPDRAKGYDLELSMALGTYYPPPRL
301 RQLLPMLLQGTSIFTAPKEIAEIKAQLETALKWRNYEVKLRLLLHLEELQMEHDIRHYDL
361 ESVPMTWDPVDQNPRLLTLEVPGVTESRPSVLRGDHLFALLSSETHQEDPITYKGFVHKV
421 ELDRVKLSFSMSLLSRFVDGLTFKVNFTFNRQPLRVQHRALELTGRWLLWPMLFPVAPRD
481 VP**LLPSDVKLKLYDRSLESNPEQL**QAMRHIVTGTTRPAPY**IIFGPPGTGKT**VTLVEAIKQ
541 VVKHLPKAH**ILACAPSNSGAD**LLCQRLRVHLPSSIYRLLAPSRDIRMVPEDIKPCCNWDA
601 KKGEYVFPAKKKLQEYRVLITTLITAGRLVSAQFPIDHFTH**IFIDEAG**HCMEPESLVAIA
661 GLMEVKETGDPGGQ**LVLAGDPRQLGPVLR**SPLTQKHGLGYSLLERLLTYNSLYKKGPDGY
721 DPQFITK**LLRNYR**SHPTILDIPNQLYYEGELQACADVVDRERFCRWAGLPRQGFPIIFHG
781 VMGKDEREGNSPSFFNPEEAATVTSYLKLLLAPSSKKGKARLSPRSVGVISPYRKQVEKI
841 RYCITKLDRELRGLDDIKDL**KVGSVEEFQGQERSVILI**STVRSSQSFVQLDLDFNLGFLK
901 N**PKRFNVAVTRAKALLIIVGNPLLLGHDPDWKVFLEFCKENGGYTGCPFPAKLDLQQGQN**
961 **LLQGL**SKLSPSTSGPHSHDYLPQEREGEGGLSLQVEPEWRNEL

FIGURA 45: sequenza amminoacidica di hMOV10: I residui evidenziati su sfondo azzurro, rosso, verde e nero vengono rispettivamente acetilati, ubiquitinati, metilati e fosforilati dopo la traduzione della proteina, mentre i residui evidenziati su sfondo giallo mediano il legame con l'ATP/GTP. La regione della sequenza evidenziata in grassetto rosso media il legame tra MOV10 e la proteina hTERT, mentre quella evidenziata in grassetto viola è un motivo a cerniera di leucine che media il legame tra MOV10 e il ssDNA al 3'-end telomerico. Infine i residui della sequenza evidenziati in grassetto verde rappresentano i 7 motivi putativi delle elicasi, di cui il primo è più importante, poichè lega l'ATP/GTP telomerico [77,78,80].

Infine anche la proteina HOT1 (homeobox telomere binding protein 1) lega sia i telomeri che hTERT, promuovendo il reclutamento della telomerasi sui telomeri e l'allungamento di quest'ultimi. HOT1 infatti si localizza normalmente in posizione periferica nei corpi di Cajal complessato con la proteina coilina (un componente strutturale dei corpi di Cajal), dove media il reclutamento dei telomeri, legati a HOT1, sui corpi di Cajal, dentro cui si trova il complesso assemblato della telomerasi. Analogamente alle proteine TRF1 e TRF2, HOT1 riconosce e lega il dsDNA telomerico, tuttavia, a differenza di queste proteine, esso non è un componente costitutivo del complesso Shelterin, non si associa immediatamente a tutti i telomeri della cellula e promuove l'attività della telomerasi sul telomero. HOT1 e le proteine TRF1/TRF2 possono quindi competere per gli stessi siti di legame sui telomeri, poiché condividono tutte la specificità per le sequenze di dsDNA telomerico, regolando in maniera opposta l'attività di hTERT. Infine è possibile che le proteine HOT1 e TPP1 agiscano sinergicamente nel promuovere il reclutamento della telomerasi sui telomeri. Secondo questo modello HOT1 medierebbe l'iniziale legame dinamico tra telomeri e telomerasi all'interno dei corpi Cajal, mentre TPP1 stabilizzerebbe in seguito il complesso telomeri-telomerasi formato [79,84].

Di seguito è riportata ed analizzata la sequenza ammino-acidica "canonica" di hHOT1:

1 MLSSFPVVLLETMSHYTDEPRFTI**EQIDLLQRLRRTGMTKHEILHALETLDRLDQEHSDK**
61 **FGRRSSYGGSSYGNSTNNVPASSSTATASTQTQHSGMSPSPSNSYDTSPQPCTTNQNGRE**
121 **NNERLSTSNGKMSPTRYHANSMGQRSYSFEASEEDLDVDDKVEELMRRDSSVIKEEIKAF**
181 **LANRRISQAVVAQVTGISQSRISHWLLQQGSDLSEQKKRAFYRWYQL**EKTNPGATLSMRP
241 APIPIEDPEWRQTPPPVSATSGTFRL**RRGSRFTWRKECLAVMESYFNENQYPDEAKREEI**
301 **ANACNAVIQKPGKKLSDLERVTSLKVYNWFANRRKEIKRRA**NIEAAILESHGIDVQSPGG
361 HSNSDDVDGNDYSEQDDSTSHSDHQDPISLAVEMAAVNHTILALARQGANEIKTEALDDD

FIGURA 46: sequenza amminoacidica di hHOT1: I residui evidenziati in grassetto rosso mediano il legame tra HOT1 e il dsDNA telomerico (dominio homeobox). Il residuo evidenziato su sfondo grigio in particolare gioca un ruolo chiave per il legame specifico di HOT1 alla sequenza telomerica. Invece i residui evidenziati su sfondo nero, azzurro e giallo rappresentano rispettivamente i siti della proteina fosforilabili, ubiquitinabili e sumoilabili post-traduzionalmente. Infine la porzione di sequenza evidenziata in grassetto verde rappresenta il dominio di dimerizzazione della proteina hHOT1 con hTERT [82,83,84,85].

20 Stress ossidativo e telomeri:

La progressiva degenerazione delle funzioni biologiche degli organismi multicellulari nel tempo, è principalmente associata al danno causato dai radicali liberi, nell'arco di una vita, alle cellule di un organismo. Prove genetiche che collegano lo stress ossidativo alla durata della vita sono state ottenute in diverse specie di animali modello (C. Elegans, Drosophila e topi). Sovra-esprimendo geni codificanti per enzimi anti-ossidanti come SOD o catalasi viene infatti osservato un significativo incremento dell'aspettativa di vita nei diversi organismi, invece inibendone l'espressione si osserva la degenerazione dei diversi tessuti e un invecchiamento precoce. L'aumento dei livelli di ROS intra-cellulari con l'avanzare dell'età è la diretta conseguenza dell'accumulo di mutazioni a carico dei geni che codificano per le proteine anti-ossidanti che dovrebbero degradarli [87]. Tali mutazioni sono molto spesso provocate dagli stessi ROS, che creano un meccanismo a feedback positivo che si auto-alimenta. Durante uno stress ossidativo infatti i ROS, essendo piccole molecole, possono diffondere attraverso i pori nucleari dentro il nucleo della cellula, danneggiando il DNA in varie regioni e accelerando il processo di perdita di funzionalità di molti geni, tra cui quelli per le difese anti-ossidanti cellulari. La somma di tutti gli stress ossidativi provocati da cause endogene o esogene nel corso della vita della cellula porta negli anni al progressivo accumulo di mutazioni sul DNA. La cellula nel tempo non solo non riuscirà più a codificare per le biomolecole necessarie alla propria sopravvivenza, ma inoltre sarà sempre meno in grado di neutralizzare i radicali liberi che si formano nell'ambiente intra-cellulare a causa della progressiva minore funzionalità delle sue difese antiossidanti (es. CAT, SOD). L'accumulo dei ROS danneggia anche altre biomolecole come proteine o lipidi di membrana, avanzando negli anni esse non possono più essere efficacemente sostituite mediante una loro nuova sintesi per i motivi sopra detti e la cellula va incontro alla morte. Tra queste proteine danneggiate si contano anche quelle della catena di trasporto degli elettroni mitocondriale, come il complesso IV, il quale con il tempo non riesce più a trattenere al suo interno le specie radicali dell'ossigeno da ridurre ad acqua, rilasciandole nell'ambiente cellulare. Inoltre i radicali liberi sono direttamente responsabili anche dell'accorciamento dei telomeri [87]. Infatti il perossido di idrogeno in presenza di Cu(II) induce la conversione, nelle sequenze telomeriche, della guanosina in 8-Oxo-2'-deossi-guanosina (8-oxo-dG) in modo più efficiente rispetto alle sequenze non telomeriche, più povere in G e meno esposte strutturalmente rispetto alle precedenti all'azione dei radicali liberi [86].

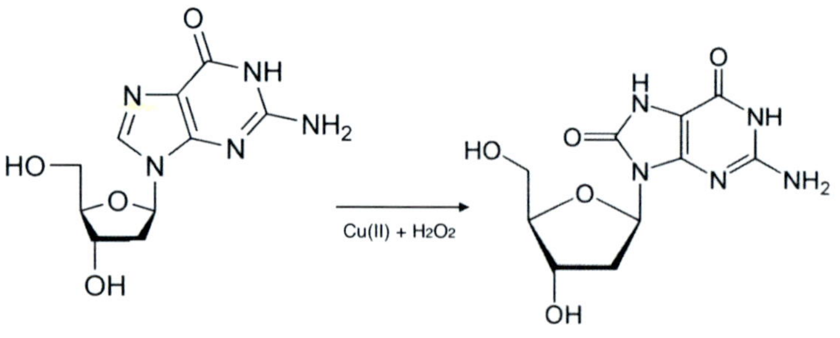

Figura 47: conversione della guanosina telomerica in 8-Oxo-2'-deossi-guanosina (8-oxo-dG) ad opera di Cu(II) e perossido di idrogeno.

Le guanosine modificate del telomero non permettono più un legame efficace con le proteine del complesso Shelterin, destabilizzando la struttura t-loop e accelerando la degradazione dei telomeri. Inoltre nel telomero stesso le guanine ossidate del filamento 3' non si appaiano più con le citosine sul filamento 5', determinando l'apertura della doppia elica alle estremità dei cromosomi. Pertanto lo stress ossidativo è un modulatore negativo critico della lunghezza dei telomeri e la senescenza replicativa causata da telomeri troppo corti è una risposta diretta a tale stress [86]. Infine anche nei tessuti in cui l'enzima hTERT fosse attivo, esso non riuscirebbe più ad allungare i telomeri a causa della mancata complementarietà tra le citosine di hTR e le guanine ossidate dai ROS nel telomero [87].

21 TZAP (Telomeric Zinc-finger associated Protein):

TZAP è una proteina che lega il DNA, attraverso i suoi 10 domini C2H2 (zinc-finger), a livello dei telomeri, funzionando da regolatore negativo della loro lunghezza. Essa si lega direttamente alla ripetizione telomerica 5'-TTAGGG-3', preferenzialmente in telomeri lunghi o associati a poche proteine del complesso Shelterin (in virtù della competizione di TZAP con i fattori di legame telomerici TRF1 e TRF2) [11]. Una volta localizzato sui telomeri, TZAP promuove il "telomere trimming", un processo che provoca la rapida eliminazione delle ripetizioni telomeriche 5'-TTAGGG-3' determinando:

- la scomparsa di telomeri aberranti troppo lunghi

- la temporanea scomparsa delle strutture telomeriche secondarie stabilizzate dette T-loops, causando quindi una maggiore instabilità dei telomeri ed un loro ulteriore accorciamento.

- l'accumulo di DNA telomerico extra-cromosomico (ECT-DNA) nel nucleo.

- la riduzione della sopravvivenza della cellula, che di conseguenza potrà più difficilmente accumulare un numero sufficiente di mutazioni tali da determinarne la trasformazione neoplasica.

Inoltre hTZAP, legandosi alle varianti delle sequenze telomeriche TTGGGG e TCAGGG, può agire come fattore di trascrizione promuovendo l'espressione di alcuni geni [11,27]:

- ***mtfp1***: questo gene nucleare codifica per una proteina mitocondriale di membrana coinvolta nel mantenimento dell'omeostasi mitocondriale. Essa agisce promuovendo la fissione della membrana mitocondriale, esercitando un'azione contrapposta ad altre due proteine codificate dai geni nuclearei *mfn2* e *drp1*, che invece promuovono la fusione della membrana mitocondriale. L'equilibrio che si instaura nell'azione contrapposta di queste proteine (MTFP1, MFN2 e DRP1) mantiene stabile la morfologia dell'organello, permettendo l'efficace svolgimento della sua funzione [30]. La perdita di funzionalità di MTFP1 altera negativamente la morfologia e la funzionalità del mitocondrio.

- ***pxmp2***: questo gene nucleare codifica per una proteina canale localizzata sulla membrana dei perossisomi citoplasmatici. Essa crea un poro sulla membrana del perossisoma selettivamente permeabile a piccoli soluti (di dimensioni inferiori a 200 Da), che diffondono secondo il loro coefficiente di diffusione dall'interno verso l'esterno del perossisoma e viceversa. Dato che PXMP2 non limita la permeazione di piccoli soluti, è possibile che i perossisomi condividano un pool comune di questi soluti con il citoplasma circostante. Al contrario, i soluti "voluminosi" (come ATP e cofattori) non sono in grado di penetrare la membrana attraverso questi canali e richiedono specifici trasportatori [31].

- ***arf:*** questo gene nucleare codifica per una proteina che reprime la proliferazione cellulare e la tumorigenesi.

21.1 Regolazione del gene h*tzap* (o *hkr3*):

Il gene che codifica per hTZAP è composto da 11 esoni e 10 introni, esso si localizza nell'uomo sul cromosoma 1, dalla base 6.579.967 alla base 6.589.280, estendendosi per 9,5 Kb [25].

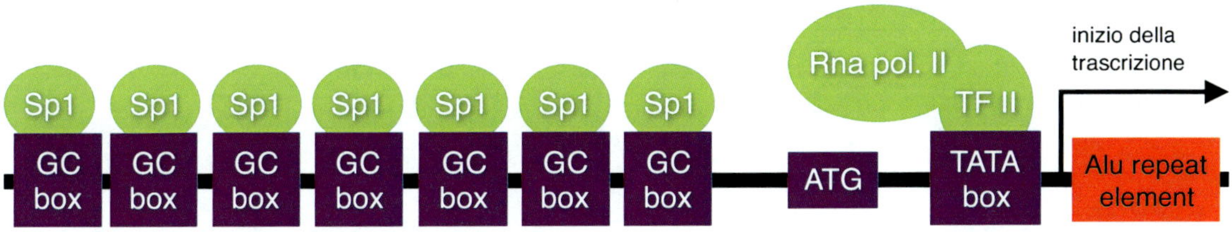

Figura 48: rappresentazione schematica del promotore del gene *htzap* [25] e dei principali meccanismi per la sua regolazione nell'uomo. In verde sono indicati gli attivatori trascrizionali, mentre in rosso è stata evidenziata una sequenza ripetitiva Alu posta al 5'-end del secondo introne; precedentemente riportata, nella letteratura scientifica, in introni che agiscono come repressori trascrizionali [26].

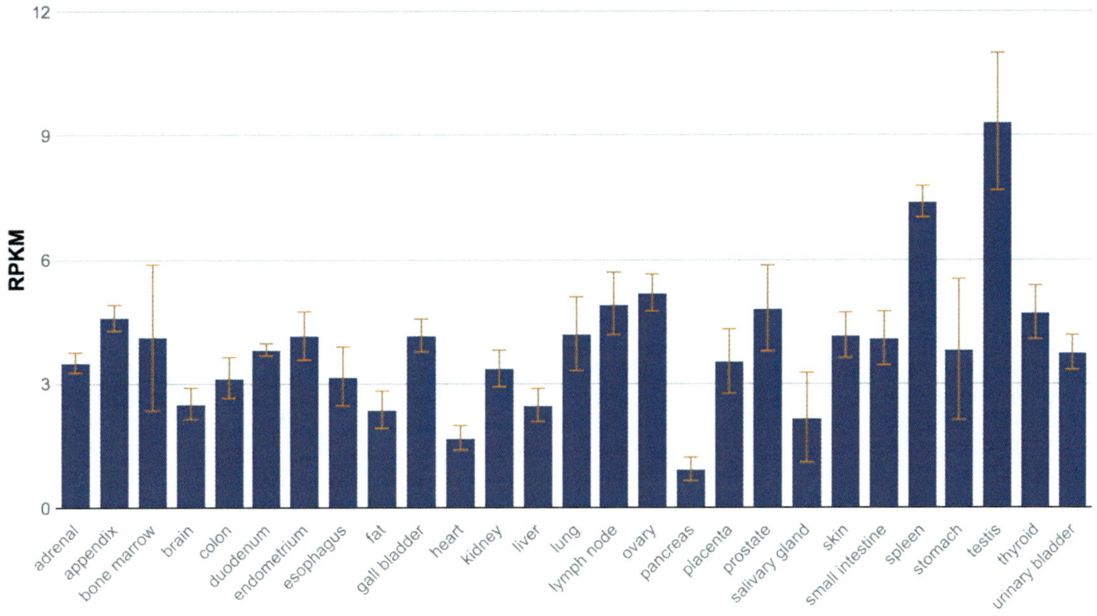

Figura 49: livelli di espressione dell'mRNA di hTZAP nei diversi tessuti [1].

21.2 iso-forme alternative dell'mRNA di h*tzap*:

La sequenza TATA box posta al 5'-end del secondo introne può determinare il reclutamento della RNA pol. II a livello di quest'ultimo e di conseguenza la trascrizione di un mRNA alternativo privo dei primi due esoni rispetto alla forma canonica, codificante per un'iso-forma proteica priva del dominio strutturale BTB. Questo dominio è responsabile della omo/etero-dimerizzazione della proteina. La sequenza ripetitiva Alu che segue la sequenza TATA box agisce invece in maniera opposta a quest'ultima, reprimendo il reclutamento della RNA pol. II a livello del secondo introne e facilitando la trascrizione dell'iso-forma canonica della proteina completa del dominio BTB [26,28].

21.3 struttura e sequenza ammino-acidica di hTZAP:

La sequenza amminoacidica canonica di hTZAP è stata finemente analizzata [12]:

1 MDGSFVQHSVRVLQELNKQREKGQYCDATLDVGGLVFKAHWSVLACCSHFFQSLYGDGS
60 GGSVVLPAGFAEIFGLLLDFFYTGHLALTSGNRDQVLLAARELRVPEAVELCQSFKPKTSVG
122 QAAGGQSGLGPPASQNVNSHVKEPAGLEEEEVSRTLGLVPRDQEPRGSHSPQRPQLHSPAQS
184 EGPSSLCGKLKQALKPCPLEDKKPEDCKVPPRPLEAEGAQLQGGSNEWEVVVQVEDDGDG
244 DYMSEPEAVLTRRKSNVIRKPCAAEPALSAGSLAAEPAENRKGTAVPVECPTCHKKFLSKY
305 YLKVHNRKHTGEKPFECPKCGKCYFRKENLLEHEARNCMNRSEQVFTCSVCQETFRRR
363 MELRVHMVSHTGEMPYKCSSCSQQFMQKKDLQSHMIKLHGAPKPHACPTCAKCFLS
419 RTELQLHEAFKHRGEKLFVCEECGHRASSRNGLQMHIKAKHRNERPHVCEFCSHAFT
476 QKANLNMHLRTHTGEKPFQCHLCGKTFRTQASLDKHNRTHTGERPFSCEFCEQRFTE
533 KGPLLRHVASRHQEGRPHFCQICGKTFKAVEQLRVHVRRHKGVRKFECTECGYKFTR
590 QAHLRRHMEIHDRVENYNPRQRKLRNLIIEDEKMVVVALQPPAELEVGSAEVIVESLAQG
650 GLASQLPGQRLCAEESFTGPGVLEPSLIITAAVPEDCDT

Figura 50: sequenza amminoacidica della forma canonica di TZAP, in rosso sono evidenziati i 10 domini C2H2 associati ognuno ad un atomo di zinco come mostrato nella figura 20. Il motivo ripetitivo dita di zinco di ogni dominio è così strutturato XXCXXC(12X)H(3-4X)H, dove X è un generico amminoacido. Queste regioni sono responsabili del legame della proteina ai telomeri e della funzione effettrice di "telomere trimming". La porzione di sequenza evidenziata su sfondo giallo rappresenta un dominio C2H2 degenerato, mentre quella evidenziata su sfondo verde rappresenta il dominio BTB. Le due lisine sottolineate ed evidenziate su sfondo viola formano ponti inter-molecolari con le proteine Ubiquitina/SUMO2. Infine le 3 serine su sfondo nero rappresentano gli amminoacidi fosforilabili post-traduzionalmente nella proteina matura.

Il residuo H-596 appartenente all'ultimo dominio C2H2 della catena riveste un ruolo chiave nel legame della proteina al ssDNA telomerico, poichè è stato osservato che una sua mutazione H—>A, abolisce il legame di hTZAP al telomero.

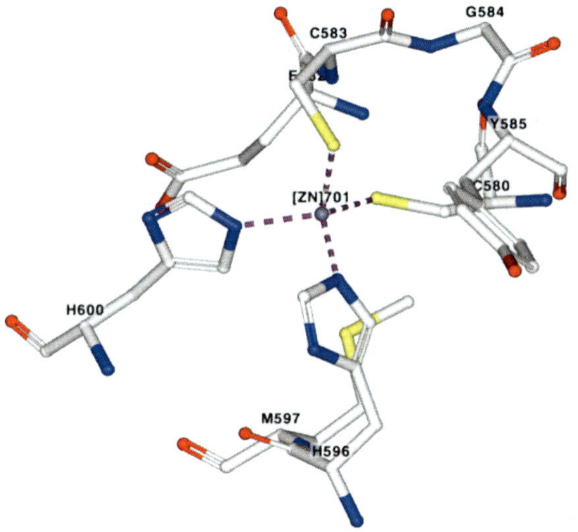

Figura 51: sito attivo di ogni dominio C2H2, coordinato con un atomo di Zn al centro. Il residuo di cisteina è colorato in giallo mentre quello di histidina in blu.

La seguente struttura tridimensionale della proteina è stata predetta a partire dalla sequenza precedente per mezzo del software phyre2 [2]:

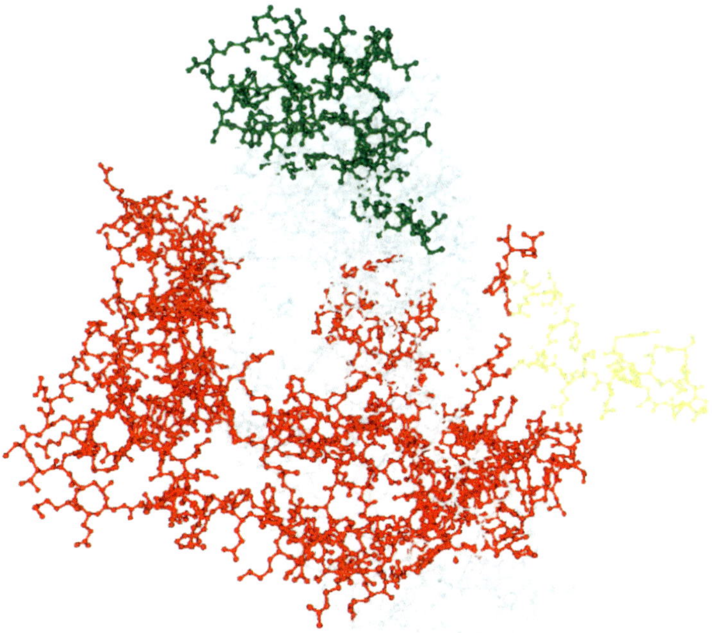

Figura 52: rappresentazione della struttura tridimensionale di hTZAP elaborata per mezzo del software UGENE. In rosso sono stati evidenziati tutti e 10 i domini C2H2 attivi, in giallo quello degenerato ed in verde il dominio BTB.

Bibliografia:

[1] https://www.ncbi.nlm.nih.gov [homo sapiens]

[2] The Phyre2 web portal for protein modeling, prediction and analysis: Kelley LA, Mezulis S, Yates CM, Wass MN, Sternberg MJ.

[3] Human Specific Regulation of the Telomerase Reverse Transcriptase Gene: Fan Zhang, De Cheng, Shuwen Wang and Jiyue Zhu.

[4] Telomerase Regulation: Catherine Cifuentes-Rojas and Dorothy E. Shippen.

[5] Role of telomeres and telomerase in cancer Jerry W. Shay and Woodring E. Wright.

[6] https://www.uniprot.org/uniprot/O14746

[7] Alternative Splicing of hTERT Pre-mRNA: A Potential Strategy for the Regulation of Telomerase Activity: Xuewen Liu, Yuchuan Wang, Guangming Chang, Feng Wang, Fei Wang and Xin Geng.

[8] Human telomerase activity regulation: Aneta Wojtyla, Marta Gladych, Blazej Rubis.

[9] Mechanism of Human Telomerase Inhibition by BIBR1532, a Synthetic, Non-nucleosidic Drug Candidate: Emanuelle Pascolo, Christian Wenz, Joachim Lingner, Norbert Hauel, Henning Priepke, Iris Kauffmann, Pilar Garin-Chesa, Wolfgang J. Rettig, Klaus Damm and Andreas Schnapp.

[10] Structural Basis of Telomerase Inhibition by the Highly Specific BIBR1532: Christopher Bryan, Cory Rice, Hunter Hoffman, Michael Harkisheimer, Melanie Sweeny, and Emmanuel Skordalakes.

[11] TZAP: a telomere-associated protein involved in telomere length control: Julia Su Zhou Li, Javier Miralles Fuste, Tatevik Simavorian, Cristina Bartocci, Jill Tsai, Jan Karlseder and Eros Lazzerini Denchi.

[12] http://www.uniprot.org/uniprot/P10074

[13] Biologia molecolare del gene: James D. Watson, Tania A. Baker, Stephen P. Bell, Alexander Gann, Michael Levine, Richard Losick. Pag. 306-313.

[14] I principi di biochimica di lenhinger: David L. Nelson, Michael M. Cox. Pag. 1008-1009, 1050, 1113-1116.

[15] Involvement of 14-3-3 proteins in nuclear localization of telomerase: Hiroyuki Seimiya, Hiroko Sawada, Yukiko Muramatsu, Mayuko Shimizu, Kumiko Ohko, Kazuhiko Yamane and Takashi Tsuruo.

[16] Telomere biology in healthy aging and disease: Hisko Oeseburg & Rudolf A. de Boer & Wiek H. van Gilst & Pim van der Harst

[17] The Pin2/TRF1-Interacting Protein PinX1 Is a Potent Telomerase Inhibitor: Xiao Zhen Zhou and Kun Ping Lu

[18] http://telomerase.asu.edu

[19] Regulation of telomerase reverse transcriptase gene activity by upstream stimulatory factor Basem S. Goueli and Ralf Janknecht

[20] NFX1 Interacts with mSin3A/Histone Deacetylase To Repress hTERT Transcription in Keratinocytes: Mei Xu, Weifeng Luo, David J. Elzi, Carla Grandori and Denise A. Galloway.

[21] Architectural proteins, transcription, and the three-dimensional organization of the genome: Wilhelm Just, Caelin Cubeñas-Potts, Victor G.Corces

[22] Telomeres and aging: Jerry W Shay

[23] Telomere length regulates ISG15 expression in human cells: Lou Z., Wei J., Riethman H., Baur J.A., Voglauer R., Shay J.W., Wright W.E.

[24] Telomere position effect: regulation of gene expression with progressive telomere shortening over long distances: Jérôme D. Robin, Andrew T. Ludlow, Kimberly Batten, Frédérique Magdinier, Guido Stadler, Kathyrin R. Wagner, Jerry W. Shay and Woodring E. Wright

[25] Cloning, Chromosomal Localization, Physical Mapping, and Genomic Characterization of HKR3: JOHN M. MARIS, SANFORD J. JENSEN, ERIK P. SULMAN, CHRISTIAN P. BELTINGER, KATHLEEN GATES, CINDY ALLEN, JACLYN A. BIEGEL, GARRETT M. BRODEUR AND PETER S. WHITE

[26] Hewitt, S. M., Fraizer, G. C., and Saunders, G. F. (1995). Transcriptional silencer of the Wilm's tumor gene WT1 contains an Alu repeat. J. Biol. Chem. 270: 17908–17912

[27] ZBTB48 is both a vertebrate telomere-binding protein and a transcriptional activator:

Arne Jahn, Grishma Rane, Maciej Paszkowski-Rogacz, Sergi Sayols, Alina Bluhm, Chung-Ting Han, Irena Draskovic, José Arturo Londoño-Vallejo, Alan Prem Kumar, Frank Buchholz , Falk Butter& Dennis Kappei

[28] Sequence and structural analysis of BTB domain proteins: Stogios P. J., Downs G. S., Jauhal J. J., Nandra S. K. and Privé G. G.

[29] The BCL-6 POZ domain and other POZ domains interact with the co-repressors N-CoR and SMRT: Huynh KD, Bardwell VJ

[30] The mitochondrial protein MTP18 contributes to mitochondrial fission in mammalian cells: Daniel Tondera, Frank Czauderna, Katharina Paulick, Rolf Schwarzer, Jörg Kaufmann, Ansgar Santel

[31] Pxmp2 Is a Channel-Forming Protein in Mammalian Peroxisomal Membrane: Aare Rokka, Vasily D. Antonenkov, Raija Soininen, Hanna L. Immonen, Päivi L. Pirilä, Ulrich Bergmann, Raija T. Sormunen, Matti Weckström, Roland Benz and J. Kalervo Hiltunen 1.

[32] Regulation of the hTERT telomerase catalytic subunit by the c-Abl tyrosine kinase: S. Kharbanda, V. Kumar, S. Dhar, P. Pandey, C. Chen, P. Majumder, Z-M. Yuan, Y. Whang, W. Strauss, T.K. Pandita, D. Weaver, D. Kufe

[33] The Shelterin TIN2 Subunit Mediates Recruitment of Telomerase to Telomeres: Amanda K. Frank, Duy C. Tran, Roy W. Qu, Bradley A. Stohr, David J. Segal, Lifeng Xu

[34] https://www.uniprot.org/uniprot/P54274

[35] https://www.uniprot.org/uniprot/Q15554

[36] https://www.uniprot.org/uniprot/Q9NYB0

[37] Analysis of the structure of human telomerase RNA *in vivo:* Mary Anthony, Eva Boros, Francis Solymosy, Tamás Kiss

[38] Pseudouridine Synthases: Tomoko Hamma, Adrian R. Ferré-D'Amaré

[39] The Pin2/TRF1-Interacting Protein PinX1 Is a Potent Telomerase Inhibitor: Xiao Zhen Zhou, Kun Ping Lu.

[40] Functional interaction between telomere protein TPP1 and telomerase: Arthur J. Zaug, Elaine R. Podell, Jayakrishnan Nandakumar and Thomas R. Cech1

[41] https://www.uniprot.org/uniprot/Q9BSI4

[42] https://www.uniprot.org/uniprot/Q96AP0

[43] The Shelterin Component TPP1 Is a Binding Partner and Substrate for the Deubiquitinating Enzyme USP7: Zemp I. and Lingner J.

[44] The TEL patch of telomere protein TPP1 mediates telomerase recruitment and processivity: Nandakumar J., Bell C. F., Weidenfeld I., Zaug A. J., Leinwand L. A. and Cech, T. R.

[45] TRF2-Tethered TIN2 Can Mediate Telomere Protection by TPP1/POT1: Frescas D. and de Lange T.

[46] TINF2 Gene Mutation in a Patient with Pulmonary Fibrosis: T. W. Hoffman, J. J. van der Vis, M. F. M. van Oosterhout, H. W. van Es, D. A. van Kessel, J. C. Grutters and C. H. M. van Moorsel

[47] Ubiquitination and SUMOylation in Telomere Maintenance and Dysfunction: Yalçin Z., Selenz C. and Jacobs J. J. L.

[48] https://www.uniprot.org/uniprot/Q9NUX5

[49] Structural and functional analysis of the human POT1-TPP1 telomeric complex: Cory Rice, Prashanth Krishna Shastrula, Andrew V. Kossenkov, Robert Hills, Duncan M. Baird, Louise C. Showe, Tzanko Doukov, Susan Janicki & Emmanuel Skordalakes

[50] DNA Binding Features of Human POT1: A NONAMER 5′-TAGGGTTAG-3′ MINIMAL BINDING SITE, SEQUENCE SPECIFICITY, AND INTERNAL BINDING TO MULTIMERIC SITES; Diego Loayza, Heather Parsons, Jill Donigian, Kristina Hoke and Titia de Lange

[51] https://research.bioinformatics.udel.edu/iptmnet/entry/O14746/

[52] TELOMERES AND HUMAN DISEASE: AGEING, CANCER AND BEYOND: Maria A. Blasco

[53] Alternative Lengthening of Telomeres in Mammalian Cells: Anthony J. Cesare and Roger R Reddel.

[54] Histone variant H3.3 provides the heterochromatic H3 lysine 9 tri-methylation mark at telomeres: Udugama, M., M. Chang, F. T., Chan, F. L., Tang, M. C., Pickett, H. A., R. McGhie, J. D., Wong, L. H.

[55] Alternative lengthening of telomeres can be maintained by preferential elongation of lagging strands: Jaewon Min, Woodring E. Wright and Jerry W. Shay

[56] Alternative lengthening of telomeres: models, mechanisms and implications Anthony J. Cesare and Roger R. Reddel

[57] Three-dimensional organization of promyelocytic leukemia nuclear bodies: Marion Lang, Thibaud Jegou, Inn Chung, Karsten Richter, Sandra Münch, Anikó Udvarhelyi, Christoph Cremer, Peter Hemmerich, Johann Engelhardt, Stefan W. Hell and Karsten Rippe

[58] The Role of Telomere Biology in Cancer: Lifeng Xu, Shang Li, and Bradley A. Stohr

[59] Epigenetic Regulation of Telomere Maintenance for Therapeutic Interventions in Gliomas: Elisabeth Naderlinger and Klaus Holzmann

[60] Telomere length regulates TERRA levels through increased trimethylation of telomeric H3K9 and HP1α: Nausica Arnoult, Amandine Van Beneden & Anabelle Decottignies.

[61] Genetic Inactivation of ATRX Leads to a Decrease in the Amount of Telomeric Cohesin and Level of Telomere Transcription in Human Glioma Cells: Rita Eid,a Marie-Véronique Demattei, Harikleia Episkopou, Corinne Augé-Gouillou, Anabelle Decottignies, Nathalie Grandin and Michel Charbonneau

[62] Nuclear respiratory factor 1 and endurance exercise promote human telomere transcription: Diman A, Boros J, Poulain F, Rodriguez J, Purnelle M, Episkopou H, Bertrand L, Francaux M, Deldicque L, Decottignies A.

[63] A role for CTCF and cohesin in subtelomere chromatin organization, TERRA transcription, and telomere end protection: Deng Z, Wang Z, Stong N, Plasschaert R, Moczan A, Chen HS, Hu S, Wikramasinghe P, Davuluri RV, Bartolomei MS, Riethman H, Lieberman PM.

[64] Telomeric RNAs are essential to maintain telomeres: Juan José Montero, Isabel López de Silanes, Osvaldo Graña and Maria A. Blasco

[65] Structure and function of the telomeric CST complex: Cory Rice, Emmanuel Skordalakes

[66] The human CST complex is a terminator of telomerase activity: Liuh-Yow Chen, Sophie Redon and Joachim Lingner

[67] The CST Complex and Telomere Maintenance: The Exception Becomes the Rule Raymund J. Wellinger1

[68] https://research.bioinformatics.udel.edu/iptmnet/entry/Q2NKJ3/

[69] Structural and functional analysis of an OB-fold in human Ctc1 implicated in telomere maintenance and bone marrow syndromes: Prashanth K. Shastrula, Cory T. Rice, Zhuo Wang, Paul M. Lieberman and Emmanuel Skordalakes

[70] Inventory of telomerase components in human cells reveals multiple subpopulations of hTR and hTERT: Linghe Xi and Thomas R. Cech

[71] MicroRNA Regulation of Telomerase Reverse Transcriptase (TERT): Micro Machines Pull Strings of Papier-Mâché Puppets: Ammad Ahmad Farooqi, Qaisar Mansoor, Nada Alaaeddine and Baojun Xu

[72] miRNA Regulation of Telomerase: A Novel Therapeutic Approach for Cancer: Twinkle Wahi, Sahil Dargan, Sumedha Jaitly and Vibha Rani

[73] http://www.mirbase.org

[74] Structure of the Human Telomeric Stn1-Ten1 Capping Complex: Christopher Bryan, Cory Rice, Michael Harkisheimer, David C. Schultz and Emmanuel Skordalakes

[75] https://www.uniprot.org/uniprot/Q86WV5

[76] https://www.uniprot.org/uniprot/Q9H668

[77] MOV10 as a novel telomerase-associated protein: Mariko Nakano, Yasutaka Kakiuchi, Yukiko Shimada, Mika Ohyama, Yasuko Ogiwara, Narie Sasaki-Higashiyama, NaokoYano, Fumi Ikeda, Ei Yamada, Akihiro Iwamatsu, Kazuo Kobayashi, Kiyoto Nishiyama, Sohsuke Ichikawa, Kazuhiko Kaji, Toshinori Ide, Hiromu Murofushi and Kimiko Murakami-Murofushi

[78] https://www.uniprot.org/uniprot/Q9HCE1

[79] It's getting HOT at telomeres: Madalena Tarsounas

[80] https://research.bioinformatics.udel.edu/iptmnet/entry/Q9HCE1/

[81] https://research.bioinformatics.udel.edu/iptmnet/entry/Q9H668/

[82] https://www.uniprot.org/uniprot/Q6NT76

[83] https://research.bioinformatics.udel.edu/iptmnet/entry/Q6NT76/

[84] HOT1 is a mammalian direct telomere repeat-binding protein contributing to telomerase recruitment: Dennis Kappei, Falk Butter, Christian Benda, Marion Scheibe, Irena Draškovič, Michelle Stevense, Clara Lopes Novo, Claire Basquin, Masatake Araki, Kimi Araki, Dragomir Blazhev Krastev, Ralf Kittler, Rolf Jessberger, J Arturo Londoño-Vallejo, Matthias Mann and Frank Buchholzb

[85] http://pfam.xfam.org/protein/Q6NT76

[86] Oxidative stress: molecular perception and transduction of signals triggering antioxidant gene defenses: J.G. Scandalios

[87] Free Radicals in the Physiological Control of Cell Function: Wulf Droge

[88] Better prediction of functional effects for sequence variants: Maximilian Hecht, Yana Bromberg, Burkhard Rost

[89] R A language and environment for statistical computing: R Core Team

[90] Effect of pseudouridylation on the structure and activity of the catalytically essential P6.1 hairpin in human telomerase RNA: Nak-Kyoon Kim, Carla A. Theimer, James R., Mitchell, Kathleen Collins and Juli Feigon

[91] Portrait of replication stress viewed from telomeres: Fuyuki Ishikawa

Finito di stampare nel mese di marzo 2019
da DEDALO - Pisa
grafica | editoria | stampa

Made in United States
North Haven, CT
05 November 2026

21760276R60053